**菜豆吊蔓栽培**

菜豆主蔓长度为2米左右时，及时打顶

菜豆侧蔓留2～3叶打顶，以促进花序的抽生

U0208771

菜豆基部4～6叶不留侧枝，及时摘除

日光温室菜豆去病
枝再生的田间状况

菜豆结荚盛期田间状况

菜豆地膜覆盖

菜豆膜下滴灌

2

摘除菜豆病叶

菜豆与黄瓜套作

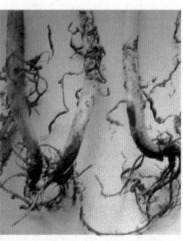

菜豆根腐病

菜豆根结线虫

菜豆花叶病症状

菜豆灰霉病（病茎）

菜豆灰霉病（病荚）

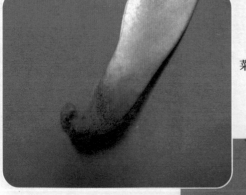

菜豆菌核病

菜豆枯萎病

菜豆炭疽病（病荚）

菜豆细菌性莘疫病

菜豆细菌性疫病

5

菜豆落花落荚

菜豆缺磷植株早期叶色深绿，
以后从下部叶变黄

菜豆缺氮下部叶黄化

菜豆缺镁叶脉间出现斑点状黄化

菜豆缺硼豆荚种子粒少，
严重时无粒

菜豆缺钾下部叶易向外卷，
叶脉间变黄

望丰早豇 80

浙翠 1 号豇豆

豇豆营养钵育苗

豇豆吊蔓栽培

日光温室栽培豇豆结荚
初期的田间状况

日光温室栽培豇豆结荚盛期的田间状态

苦瓜套种豇豆栽培模式

豇豆斑枯病

豇豆病毒病症状

豇豆根腐病

9

豇豆褐斑病

豇豆黑斑病

豇豆红斑病（荚）

豇豆轮纹病

豇豆煤霉病

豇豆细菌性疫病

台中 11 号荷兰豆

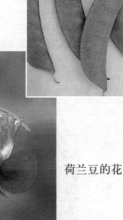

荷兰豆的花

荷兰豆支架扶蔓栽培

荷兰豆白粉病

荷兰豆褐斑病

荷兰豆花叶病毒

寿光蔬菜生产技术丛书

# 保护地菜豆豇豆荷兰豆种植难题破解100法

编著者

潘子龙　丁加刚　王新文

胡永军　王丽萍

金盾出版社

## 内 容 提 要

本书由山东省寿光市农业局和寿光农业专家协会一线农业技术人员联合编著。编著者以问答的形式，从育苗技术、栽培管理、优良品种及栽培要点、病虫害防治、生理障碍防治和种植新模式等六个方面，介绍了寿光菜农在解决保护地菜豆、豇豆、荷兰豆种植难点与重点问题中的新技术和新经验。本书科学性、实用性和可操作性强，文字通俗易懂，适合广大农民、蔬菜专业户、蔬菜基地生产者和基层农业技术人员阅读，亦可供农业院校有关专业师生参考。

**图书在版编目(CIP)数据**

保护地菜豆豇豆荷兰豆种植难题破解 100 法/潘子龙等编著.—北京：金盾出版社，2008.1
（寿光蔬菜生产技术丛书）
ISBN 978-7-5082-4781-6

Ⅰ.保… Ⅱ.潘… Ⅲ.豆类蔬菜-保护地栽培
Ⅳ.S626

中国版本图书馆 CIP 数据核字(2007)第 177639 号

**金盾出版社出版、总发行**
北京太平路 5 号(地铁万寿路站往南)
邮政编码：100036 电话：68214039 83219215
传真：68276683 网址：www.jdcbs.cn
北京金盾印刷厂印刷
北京蓝迪彩色印务有限公司装订
各地新华书店经销
开本：787×1092 1/32 印张：6.25 彩页：12 字数：122 千字
2008 年 6 月第 1 版第 2 次印刷
印数：8001—18000 册 定价：11.00 元
（凡购买金盾出版社的图书，如有缺页、
倒页、脱页者，本社发行部负责调换）

# 寿光蔬菜生产技术丛书编辑委员会

主任　孙德华

委员（以姓氏笔画为序）

丁加刚　　王新文　　刘天英　　张锡玉

胡永军　　邵树策　　潘子龙

# 前　　言

　　山东省寿光市农民，在寿光市三元朱村党支部书记、全国劳动模范、全国优秀共产党员王乐义的带领下，学习借鉴东北地区冬季大棚栽培蔬菜的经验，勇于实践，大胆创新，率先在我国北方地区发明和推广了冬暖式塑料大棚（节能日光温室）蔬菜种植技术，变蔬菜一季栽培为四季栽培，实现了蔬菜全年生产，淡季不淡，四季常鲜，引发了寿光乃至全国的一场农业产业化革命。寿光农民在这场农业产业化革命中靠种菜走上了致富之路。截至 2006 年，全市蔬菜种植面积达到 5.3 万公顷，蔬菜总产量达到 600 万吨。寿光市有 500 多个村成了蔬菜生产专业村，有 14 万户成了蔬菜专业户。寿光市在 1995 年被国家命名为"中国蔬菜之乡"。

　　如今的寿光就像"绿色的海洋"，形成了"百里大棚（日光温室）三条线，万亩蔬菜连成片"的新格局。寿光人的种菜技术不仅在全国 18 个省、市、自治区得到推广，而且走出了国门，走上了世界。美国、俄罗斯、乌克兰、德国、南非、危地马拉等国都有寿光人办的蔬菜农场。2005 年，外地从寿光聘请的蔬菜技术人员多达 4 000 余人，外地来寿光参观和考察蔬菜生产的多达 4 万人。

　　寿光蔬菜生产的发展，呈现出日新月异的局面。特别是近几年，涌现出了不少新典型、新技术。应金盾出版社之约，我们组织寿光市活跃在农业生产第一线的农业专家对寿光市及其周边地区农民在蔬菜生产中经常遇到的亟须解决的疑难问题、栽培中应注意的关键技术和出现的新技术、典型经验以及一些有推广价值的栽培模式等进行了解、收集和总结,编写了这套丛书。丛书按蔬菜种类分为《保护地番茄种植难题破解100法》《保护地茄子种植难题破解100法》《保护地辣椒种植难题破解100法》《保护地黄瓜种植难题破解100法》《保护地西葫芦南瓜种植难题破解100法》《保护地丝瓜苦瓜种植难题破解100法》《保护地冬瓜瓠瓜种植难题破解100法》《保护地甜瓜种植难题破解100法》《保护地菜豆豇豆荷兰豆种植难题破解100法》9个分册。

本丛书的编写强调从蔬菜生产实际出发,突出科学性、实用性和可操作性,深入浅出,文字通俗易懂,以问答形式,向广大农民朋友介绍了10多种常见蔬菜在保护地栽培中所遇到的疑难问题及其解决方法,换句话说,介绍了寿光菜农在蔬菜种植中的先进技术,对农民朋友发展蔬菜生产将起到一定的指导、促进和借鉴作用,对农业科技人员和农业院校有关专业师生也有参考价值。

我们清醒地认识到,寿光种植蔬菜的技术也不是尽善尽美的,也存在着有待解决和提高的问题,全国不少地方和单位蔬菜生产技术在许多方面比寿光更先进,值得寿光菜农学习。本丛书的出版,也是与各地蔬菜生产基地和广大菜农交流经验、接受广大读者检验的一个机会。

由于编者水平所限,书中疏漏、不妥甚至错误之处在所难免,敬请专家和广大读者批评指正。

丛书编委会
2007年2月

# 目　录

## 第一部分　菜　豆

## 第二部分　豇　豆

# 第三部分 荷兰豆

# 第一部分　菜　豆

## 一、菜豆育苗技术

### 1. 日光温室早春茬菜豆栽培为什么要求育苗移栽？

　　菜豆以往在露地生产多采用直播。近年来，随着日光温室、大棚等保护地的发展，为提早上市，早春茬菜豆栽培多采用育苗移栽。特别是采用塑料营养钵育苗，可充分保护根系不受损伤。把苗期安排在温室、大棚生长，不但可以早播种、早收获、提早供应市场，还能保证苗全苗旺，促进早开花结荚，增加产量。生产实践证明，育苗移栽比直播可提早 30～35 天，可提高产量 15%～20%，效益提高 120%。从直播的生长势观察，营养生长旺，开花晚、结荚少；而育苗移栽的结荚早，结荚多，说明育苗移栽可抑制营养生长，促进生殖生长。另外，提早育苗，时间处于短日低温期，幼苗的花芽分化早，结荚节位低。早春菜豆直播，遇到低温阴雨天气时间较长时，发芽慢，种子容易腐烂，成苗率低，幼苗易受冻害。日光温室早春茬菜豆栽培，又往往是在冬茬作物收获后才能种植，为提早上市，必须育苗移栽。

　　日光温室早春菜豆栽培，需要采用温室育苗，根据日光温室适宜定植期或在前茬作物结束收获前 30～35 天育苗。须配制透气性好、营养全面的营养土，采用塑料营养钵或营养土块护根育苗。

## 2. 日光温室早春茬菜豆生产怎样培育壮苗?

培育壮苗是日光温室早春茬菜豆高产的关键。壮苗抗低温能力强,抗病性好,花芽分化充分,定植后缓苗快,生长势旺,结荚早、结荚多。培育壮苗要抓好以下各项技术措施。

**(1)精选种子** 这是保证发芽率高、发芽整齐,培育壮苗的关键。要选籽粒饱满、种皮有光泽、生命力强的种子,挑出已发过芽、带有病斑、虫蛀和机械损伤的籽粒。2年以上的陈种子发芽率和发芽势均弱,不宜用于培育壮苗。每667平方米用种量4~5千克。

**(2)种子处理** 育苗前,首先晒种1~2天,这样可促进种子吸水发芽整齐,然后用0.1%硫酸铜水溶液浸种15分钟,以杀死种子表面的病原菌,达到消毒的目的。捞出后用清水冲洗种子表面的药液。每667平方米种子用50克根瘤菌粉剂拌种,以促进根瘤的早日形成。拌种后不能再晒太阳,以免失去根瘤菌拌种的作用。

菜豆不论育苗或直播都不宜浸种时间过长,其原因是种皮太薄,组织不致密,如浸种时间过长,会使种子内蛋白质、淀粉等物质外渗,使种子营养受损失,同时外渗物质附着在种皮上,易引起霉菌感染。要催芽时,用5倍于种子的细沙喷湿后和种子拌匀堆在温室内,保持25℃~28℃的温度条件,3天后露芽即可播种。

**(3)播种** 用塑料营养钵或营养土块育苗,先把营养土制块或装营养钵,装钵八成满,先浇足水,把处理好的种子或催过芽的种子按每钵2~3粒播种,再盖上3~4厘米厚的细土。播种完后,在苗床上盖一层农膜,以保温保湿。播种结束后,白天温度保持25℃~28℃,夜间15℃~18℃。出苗前一般不通风,5天左右出苗85％时揭开苗床农膜少量通风,防止幼苗下胚轴过长,不能形成壮苗。

**(4)苗期管理** 待子叶展开时,白天温度以22℃～25℃、晚上以12℃～15℃为宜,避免温度过高造成徒长。苗期不但要注意保温,还应注意通风换气。菜豆育苗时间短,播种前浇足底水,苗期一般不浇水,若出现叶色深绿、中午萎蔫时,也要及时补充水分。营养钵浇水后,若出现旺长时拉开营养钵之间距离,即可控制旺长。

育苗期间要经常清扫温室的棚膜,使温室尽量多进光线。早上及时揭苫,下午在温度适宜的情况下可晚一点盖苫。阴雨雪天,也要间隔一块揭开一块草苫,多争取一些散光。连续阴雨、低温天气骤晴而造成幼苗出现萎蔫现象时,应及时盖苫防止闪苗。

**(5)炼苗** 早春菜豆栽培由于外界环境变化大,时常发生寒流,直接影响棚内植株生长。菜豆苗要具备一定的抗逆能力,定植前必须炼苗。白天保持大量通风,温度要适当提高2℃～3℃;晚上降低温度,保持5℃～6℃。5天左右,在菜豆苗叶色深绿、茎秆坚硬时即可定植。

### 3. 什么是菜豆断根扦插播种育苗?

在温室内播种育苗,用蛭石、腐烂锯末、稻壳、草炭等做基质,在育苗盘里浇足底水,水渗下后播种。播种密度为2厘米×5厘米,覆土2～3厘米厚,然后铺一层薄膜,防止出苗前缺水。播后7～10天出苗,出苗后绿化1～2天,当幼苗2片对生叶展平时,是断根扦插播种的最佳苗龄。营养土的配制:园田土加腐熟马粪(1∶1),搅拌均匀。营养钵采用上口径为8～10厘米、高9厘米的塑料钵,将营养土装入塑料钵中,装土高度达到钵高的 2/3,空出上部 1/3。浇足底水,水渗下后,从育苗盘中连根拔出幼苗,挑选健壮苗,用刮脸刀片在下胚轴尖端 1 厘米处垂直切去发根部分,把断根后的幼苗扦插于塑料钵中 1 厘米深,随后填加湿度较大的营养土,填满为止。断根扦插播种后摆放在温室或大棚内,利用小拱棚盖塑料膜外加遮阳物,保温遮荫。这样,过 5 天左右发生新根,7 天左右可以去掉塑料膜及遮阳物。扦插播种后两周内保持地温 20℃ 左右,气温 25℃ 左右,并注意保持湿度,每天淋 1 次小水。定植前 6~7 天通风降温,应适当控制浇水,定植前 1 天浇足水。扦插播种后 20 天左右就可定植在田间。

采用断根扦插播种育苗,可提高菜豆平均总产量 12% 以上。其增产的主要原因是断根后侧根发生数量显著增多,且扦插播种时可以淘汰病苗和劣苗。

## 4. 日光温室栽培菜豆为什么要蹲苗? 怎样蹲苗?

菜豆(芸豆)在开花结荚前的生长阶段中,地上部茎叶与地下根系之间、营养生长与生殖生长之间的矛盾突出,要用温度和水分来调节,促根控秧。白天通过通风控制气温不超过 25℃,夜间不超过 15℃,保证 10℃ 左右的昼夜温差,适当控制水分。蔓性菜豆结合松土追肥、培垄吊架(或插架)浇 1 次水,然后蹲苗。第一花序开花期一般不浇水,防止枝叶徒长而落花。如土壤干旱可于花蕾将开放时浇 1 次小水,在第一花序结荚时开始浇水。矮生菜豆花序抽生早,植株长势弱,生长期短,蹲苗时间宜短。蹲苗要注意适度,如蹲苗不足,将引起徒长而落花严重;过度蹲苗,也会引起落花。

## 5. 菜豆育苗中常出现哪些问题？如何解决？

**(1)播种后长期不出苗** 其原因是种子发芽率低，或者是催芽时种子大部分已发芽但感染了病原菌；播种床土温长期过低而水分又过多，阻止幼芽伸长甚至引起种子腐烂；床土过干也会使发芽受到影响。

要选用发芽率高的种子，且要消毒。如因管理不善而不出苗，可扒开床土检查：如剥开种皮，胚仍是白色新鲜的，说明种子并没有死亡，只要采取相应措施都能出苗；如床土过湿，应控制浇水；短期水分排不掉，可用吸水力强的草炭、炉灰渣、炭化稻壳或蛭石等撒在床土表面，厚度为0.5厘米，并加强光照，这样既可提温又能减少床土水分。

**(2)出苗不整齐** 一种情况是出苗时间不一致，这是由于种子成熟度不一致，新老种子混杂及催芽过程中翻动不均匀使发芽有差异造成的。另一种情况是同一苗床内出苗不均，这与播种技术和苗床管理有关。苗床内各部位的温度、湿度不一致会导致出苗不整齐。播种后覆土不均也可造成出苗不整齐。盖土过厚的地方水分多，但土温低，透气性差，幼苗出土过程中穿过土层所需的时间长；盖土过薄、土温高，床土易干，也不利于出苗。播种床高低不平，或蝼蛄、蚯蚓为害，致使发芽幼苗受侵害而死亡。

**(3)戴帽出土** 育苗时，常发生幼苗出土后种皮不脱落而夹住子叶的现象，俗称"戴帽"。为防止戴帽出土，播种前要充分浇透底水，出苗前保持土壤湿润，播种后覆土要适中。也可在畦上覆盖薄膜，以便保持种皮柔软容易脱落。刚出土时，若表土过干，应适当喷水，或薄薄地撒一层潮湿的细土。

**(4)沤根** 发生沤根时根部发锈，严重时根部表皮腐烂，不长新根,幼苗变黄萎蔫。沤根主要是因床土温度过低、湿度过大造成的。床土配制不当、黏土过多、透气性差等容易发生沤根;底水浇得过多又遇上连阴雨天,或连阴天前浇大水,也容易引起沤根。

**(5)烧根** 烧根时,根尖发黄,不发新根,但不烂根;地上部生长缓慢,矮小发硬,形成小老苗。烧根主要是由于施肥过多,土壤干燥造成的。如床土中施入未充分腐熟的有机肥,当粪肥发酵时更容易烧根。苗床土混施化肥时,一定要拌匀。已经发生烧根时要多浇水,以降低土壤溶液浓度。

**(6)徒长苗** 幼苗徒长是育苗期间经常发生的现象,徒长苗茎细、节间长、叶薄、色淡绿、组织柔嫩、须根少,秧苗轻。定植后容易萎蔫,成活率低,不能早熟高产。

徒长苗产生的原因主要是由于光照不足、夜间温度过高以及氮肥和水分过多造成的。播种密度过大,秧苗拥挤,苗间光照弱也易徒长。除出苗后易形成高脚苗外,易发生徒长的另一个时期是在定植前的 15～20 天。这时外界气温转暖、秧苗生长速度快,此时秧苗已长大,叶片互相遮荫,若温、湿度控制不好,很容易使秧苗徒长。

防止秧苗徒长,除扩大营养面积、加强光照、降低床温、不偏施氮肥和适当控制苗床温度外,还可用生长抑制剂控制秧苗生长速度,如用 50％矮壮素 2 000～3 000 倍液喷洒在秧苗上或浇在床土上,每平方米苗床喷洒 1 千克药液,10 天后就能见效。

**(7)老化苗** 秧苗老化时,生长缓慢、苗体小,根系老化,节间缩短,叶片小而厚、深暗绿色,秧苗脆硬。

秧苗老化的原因,主要是床土过干和床温过低。育苗期间怕徒长,长期控制水分过严,最容易造成秧苗老化。用育钵育苗因与地下水隔断,浇水如果不及时,很容易造成土壤过干而育成老化苗。所以育苗时应合理控制育苗环境,苗龄不可过长,定植前炼苗时不能缺水,严重缺水时必须喷小水。发现秧苗老化,除注意温度、水分的正常管理外,可喷10～30毫克/千克的九二〇,1周后就会逐渐恢复正常。

# 二、菜豆栽培管理

**6. 怎样进行保护地土壤消毒？**

如果温室、大棚等保护地连续多年种植同种作物，那么很多种通过土壤传播的病害会越来越重。因此，在适当时间进行土壤消毒，切断病菌传染源，就能控制温室、大棚内很多种病害的发生。在夏季，可用稻草和石灰进行高温灭菌消毒，这种消毒方法简单，成本低，同时所用材料可就地取材，不用农药，减少污染，菜农极易接受。具体方法如下。

在冬春茬菜豆等蔬菜作物拉秧的 7 月份，彻底清除棚内残枝落叶，每 667 平方米棚室用碎麦(稻)秸 550 千克、石灰110 千克均匀撒施在地面上，再用锹深翻 30 厘米，使草、灰、土均匀混合，然后筑畦埂灌水，水量要大，并保持水层，盖严棚膜，密闭棚室 15～20 天。石灰遇水放热，可促使麦(稻)秸腐烂、放热，再加上夏季天气炎热和棚膜保温，白天棚内地温可达 65℃～70℃，10～20 厘米地温也可达 45℃～50℃，耕层内昼夜平均地温也在 45℃以上。

实验证明，主要靠土壤传播的枯萎病等病害的病菌在40℃以上的高温环境里几天后就可全部死亡。另外，石灰本身就有杀菌作用，所以除可杀死枯萎病的病菌外，对疫病、炭疽病、灰霉病、菌核病等病害的病菌也有很好的杀灭作用。同时，对土壤中的线虫和一些地下害虫也有一定的杀灭作用。麦(稻)秸腐烂后还可增加土壤中的有机质，能很好地改良土壤理化性质，培肥地力，增产效果明显。每处理 1 次，可连续栽培 2～3 茬菜豆。

### 7. 菜豆根系生长特点与保护地栽培有何关系？如何协调根系与根瘤菌的共生性？

菜豆的主根随种子发芽开始向下不断伸长，播种 7 天后，子叶出土时，主根已伸到地表以下 20 厘米左右，从主根上部伸出 7～8 条侧根。播后 1 个月株高 15～20 厘米时，主根伸入土下 60 厘米左右，侧根大部分在地表 15～20 厘米范围内。播后 2 个月结荚时，主根深入地下 90 厘米，侧根扩展半径为 60～80 厘米，主要根群分布在地表下 15～40 厘米深处。从根群分布状态来看，根群分布比地上部要广，所以播种前要精耕细作。另外，菜豆根系易木栓化，侧根再生能力弱，多进行直播栽培。保护地栽培为提早上市，提高其复种指数，多进行育苗移栽。育苗移栽时，除了注意控制日期使苗龄缩短外，还必须采用营养钵护根育苗。

在保护地栽培条件下，菜豆根系分布相应较浅，再加上棚室温度高，生长速度快，对土壤含水量和养分的要求要比在普通条件下栽培大一些。菜豆的根瘤菌不发达，在保护地条件下 15 天左右形成。因为菜豆的根瘤菌生长慢、根瘤少，因此在保护地栽培条件下，施用氮元素肥料是必要的。

为强化根系与根瘤菌共生，使植物体更好地为根瘤菌的活动提供能量，使根瘤菌更多地为植物体提供其从空气中固定的氮素养料，可用天达-2116 拌种或做叶面喷洒。施用天达-2116 能够使菜豆根系发达，幼苗健壮，茎粗壮，叶肥厚、深绿；防止植物徒长和早衰；促进花芽分化和开花、结荚，减少落蕾、落花、落荚；对低温、光照不足等不良环境条件引起的生理障碍有克服和缓解作用。其具体方法是，播种前用天达-2116 浸拌种专用型 25 克对水 0.75 升，与 20 千克种子混合、拌匀、晾后播种。在蔓生菜豆抽蔓期，喷施 1 次天达-2116 瓜茄果专用型 600 倍液，每 667 平方米用原液 50 克。在菜豆现蕾期和结荚期各喷施 1 次天达-2116 瓜茄果专用型 600 倍液，每 667 平方米每次用原液 75 克。

### 8. 怎样提高日光温室保温性能？

**(1)增强墙体的厚度** 建造日光温室时无论是采用土墙、砖墙还是空心砖墙体，为增强墙体的保温效果，可利用玉米秸、稻草、麦秸等堆成与墙体等高、厚度为 1 米左右的围墙，后屋面也要用此材料培成 40～70 厘米厚，这样能有效控制墙内表面与外表面之间形成温差，阻止热贯流率、防止室内热量通过墙体向外传导，减少室内热量的损失，增强室内保温效果。

**(2)挖防寒沟** 在日光温室前底脚外侧挖 1 条地沟，沟深一般为 40～60 厘米、宽 30～40 厘米，沟深些效果会更好。沟四周铺上旧薄膜，内填马粪、碎麦草、锯末、碎秸秆等导热率低的材料，阻止土壤热量横向传导损失。沟上面从温室前底脚处开始压上 15 厘米厚向南倾斜成坡状的黏土层，以防止前屋面流下的雨水渗入沟内，降低防寒效果。

**(3)增加覆盖物** 前屋面面积大，薄膜导热快，晚间要加盖以稻草为主编织的草苫保温。为防止雨雪打湿草苫，可在草苫上面再覆盖一层薄膜，同时起到防风增温作用。有条件的要购买温室专用保温被，保温效果会更好。

**(4)双层膜覆盖** 日光温室应选用透光率高、抗污染能力强、保温性强的无滴膜。目前，生产上仍以聚氯乙烯无滴耐老化膜为主。为了提高保温效果，在外层膜内 20 厘米处再加挂一层膜，两膜之间的空气层作为保温隔寒层，阻止冷空气进入、热空气散出，具有明显的保温效果。

（5）**清扫薄膜上表面灰尘**  要经常及时清扫薄膜表面的灰尘及积雪，增加透光率，提高室内温度。

（6）**及时揭盖防寒物**  在温度条件许可时，尽量早揭晚盖防寒物，争取较长的光照时间。揭盖防寒物时间要灵活掌握，一般是温室内不低于18℃时应放苫，阻止热空气外散。遇多云光照弱的天气，应适时揭开防寒物，使散射光进入，这样一方面可使气温提升，也可使作物进行光合作用，生长健壮，增强抗寒性。避免长时间不揭防寒物，造成室内阴冷，不但温度降低，而且作物生长受到影响，易导致各种生理性病害发生。

（7）**挂反光幕**  一般反光幕是由聚酯镀铝膜做成，具有良好的反光性能。反光幕多是挂在后一排立柱上端的铁丝上。由于太阳光照射到反光幕上以后，可以把光反射到菜豆等蔬菜作物或地面上，因而提高了光能利用率，使室内的气温和地温有一定的提高。

（8）**叶面喷施营养素**  冬季温度低光照弱，作物根系吸收能力差，通过对叶面喷施磷酸二氢钾、稀土微肥、喷施宝、纳米磁能液等营养素，补充作物所需的营养元素，使作物生长健壮，同时增强对低温冷害的抵抗能力。

### 9. 保护地有哪些除湿措施？

（1）**通风换气除湿**  通风换气是降低保护地内空气湿度最简易的方法。通风必须在高温时进行，否则会引起棚内温度下降。如果通风时温度下降过快，要及时关闭通风口，防止温度骤然下降使菜豆遭受冷害。

（2）**合理浇水**  浇水是导致棚内湿度增加的主要因素。冬、春生产可选择晴天沟浇或分株浇水，地膜覆盖的可采用膜下暗灌。要严格控制浇水量，防止棚内湿度过高。每次浇水后应适当通风,及时进行划锄松土,以降低土壤湿度和空气相对湿度。

(3) 地膜覆盖　采用地膜覆盖可以大大减少土壤水分的蒸发,因而可减少灌水次数,是降低棚内空气相对湿度的重要措施。例如,在棚内采用大小垄距相间、地膜盖双垄的办法,浇水时让水沿地膜下的小垄沟内流入,可降低棚内湿度。

(4) 增大透光量　增大透光量可提高棚温。棚温升高后,可长时间进行通风换气,达到降湿的目的。

(5) 膜下滴灌　膜下滴灌综合了地膜覆盖和滴灌的共同优点,是降低棚内湿度的最有效措施。其具体做法是,地面起高垄,在高垄中央放上滴灌管,再覆盖地膜。

(6) 采用粉尘法与烟雾法用药　棚内的空气湿度本来就很大,采用常规的喷雾法用药会增加棚室湿度,这对防治病害不利。采用粉尘法及烟雾法用药,可以避免由于喷雾而加大空气湿度,从而提高防治效果。

(7) 张挂反光幕　张挂反光幕不但可以增加光照强度,而且可以提高地温和气温 2℃左右。因空气相对湿度随温度的上升而降低,所以张挂反光幕也具有一定的降湿作用。

(8) 用无滴膜覆盖　无滴膜可以克服膜内侧附着大量水滴的弊端,能明显降低湿度,且透光性能好,透光率比一般农膜高 10%～15%,有利于增温降湿。

### 10. 菜豆的生育历期及各期的特点是什么?

(1) 菜豆生育周期的划分　菜豆的全生育期是指种子播下至豆粒在植株上成熟收获的全部生长发育过程。全生育期可划分为发芽期、幼苗期、抽蔓期(矮生种为发棵期)和开花结荚期。菜豆的发芽期是指从种子萌动至初生真叶展平,植株独立走向自养生活为止的阶段。此期需 10～15 天时间。幼苗期是从初生真叶展开到长出 4～5 片三出复叶,或抽蔓前这一段时间,蔓生种需 25～30 天,矮生种需 20～25 天。抽蔓期是指从 4～5 片叶展平、蔓生种产生旋蔓到开花为止的阶段。矮生种不产生旋蔓,此期为发棵期。此期蔓生种需 15 天,矮生种需 10 天。开花结荚期是指从开始开花到结荚终止的阶段,此期蔓生种为 30～60 天,矮生种为 20～30 天。

菜豆在保护地栽培,环境条件和生育周期所需的时间关系非常紧密。如越冬茬栽培,在低温条件下不适宜菜豆生长,各生育期的时间就明显延长。到了高温季节,生育期会明显缩短。在高产栽培的前提下,为保护地菜豆生长期提供最适宜的环境条件,延长结荚期,对提高产量和经济效益具有重要意义。

**(2)菜豆发芽期** 种子发芽的过程是吸水膨胀。菜豆吸水过程经试验表现为 20℃～22℃水温条件下种子浸后 20 分钟,开始吸水,经过 8～10 小时,种子可吸足水分,吸水量达到种子干重的 100% 以上。种子吸水后,经 44～48 小时,即可发芽(实际是种子胚根)。播种 3～5 天即可出土。9 天后初生真叶展平,12 天后出生真叶至最大。发芽期时间长短与环境条件关系明显,一般露地播种春季为 15 天,夏季为 10 天。在保护地内生产,发芽期适温为 20℃～30℃,最低温度为15℃,最高温度为 35℃,此期给予适温,缩短发芽期,提早进入幼苗期,是棚室栽培的关键。

**(3)菜豆幼苗期生长** 菜豆初生真叶是幼苗期重要的光合器官,保护好初生真叶十分重要。幼苗期地下部发根迅速,根系开始木栓化,有根瘤发生,而地上部生长相对较慢。植株在进行营养生长的同时,也开始了花芽分化。矮生菜豆一般在播后 20～25 天初生真叶的叶腋间就开始分化花芽。蔓生种一般播后 25 天后,展平 2～3 片复叶时就可看到花芽出现。从播种到花芽开始分化需要一定的积温,蔓生种需要230℃～238℃,矮生种需要 227℃～241℃。菜豆越冬栽培,从播种到花芽分化时间较长,随着播种期温度升高,由于积温增加快,植株发育快,从播种到花芽分化时间也变短。所以,提高冬、春季节棚室保温性能,给予较高温度是提早开花结荚的主要手段。但是连续 30℃的高温持续时间长,则表现为花芽分化停止,发育速度减慢,此温度出现在发育至柱头形成时期,花芽成花后多半是脱落或后期消失,无效节位增加。特别是持续的高夜温,对花芽分化更为不利。为此,菜豆秋季栽培播种期应适当推迟,避开高温气候条件,让菜豆在花芽分化期有一个良好的外界环境,对提高产量、降低开花节位、具有很重要的作用。

**(4)菜豆抽蔓期** 菜豆抽蔓期地上部分和根系生长都极其旺盛,根系迅速发展并基本形成了强大根群,同时根瘤已具备了一定的固氮能力。蔓生种此期地上部分可达全生长期株高的一半左右。矮生种此期主茎迅速生长至最大高度,分枝也迅速增加,整株表现为迅速发棵。抽蔓期也是花芽分化的主要时期,矮生菜豆全生育期的花芽分化基本结束,可分化花芽 50 个左右。蔓生种在第一花序开放时,可形成花芽 500 个左右。从播种至开花期也需要一定的积温,蔓生种需要860℃～1 150℃,矮生种需要 700℃～800℃。在保护地条件下栽培,注意温度调节,给予适宜的温度,可提早进入开花结荚期,是这一时期的管理要点。

**(5)菜豆开花结荚期** 菜豆的开花结荚期,开花结荚和茎叶生长同时进行,表现为营养生长与开花结荚之间的营养竞争。花与花之间、结荚与开花之间、结荚开花与花芽继续分化之间、植株生长和开花结荚与环境条件之间的矛盾都表现得十分突出,植株对不良栽培条件的反应也极其敏感。因此,在栽培上必须创造适宜的条件,满足菜豆生长发育对营养水分条件的需求,保证菜豆生长适宜的温度和光照条件。在初花期蔓生种下部已开花,上部孕育着大量发育程度不同的花蕾,矮生种大部分有效花序已开放,而此时植株生长仍很旺盛,在栽培上控肥控水,抑制植株旺盛生长,防止初期落花尤为重要。结荚开始后,要适当补充水肥。结荚盛期,大量开花结荚,荚与荚、花与荚、花与花的营养竞争矛盾最为突出,故此期应加大肥水管理,改善光照条件,防治病虫害,对减少中后期落花落荚、提高产量十分重要。

### 11. 菜豆对环境条件有什么要求?

(1)温度  菜豆喜温暖,不耐霜冻。矮生种耐低温能力稍强于蔓生种。种子在38℃以上和8℃以下条件下不易发芽。种子发芽最低温度为8℃~10℃,但生长非常缓慢。子叶正拱土时如果土壤湿度大、低温易烂种,不能生长。发芽适温为20℃~25℃。菜豆根系生长的最低地温为8℃以上,最适温为28℃左右,最高38℃。根毛发生的最低地温为14℃,最高温为34℃。根瘤生长适温为23℃~28℃,13℃以下几乎不着生根瘤。幼苗期地上部生长适温为18℃~20℃,10℃以下生长受阻。2℃~3℃幼苗失绿,温度升高后仍可恢复色泽。0℃幼苗将遭受冻害。花芽分化期白天适宜温度为20℃~25℃,夜间最低不低于15℃;若遇25℃~30℃以上连续白天高温,或27℃~28℃以上连续夜间高温,则花芽分化和发育不完全。花粉萌发和花粉伸长的适温为18℃~25℃,10℃以下或

35℃以上花粉萌发受到抑制。开花结荚期适宜温度为18℃～25℃,低于15℃或高于30℃均易发生落花落荚现象。

**(2)光照** 据报道,菜豆对光周期反应表现依品种不同分3种类型,即短日型(12～14小时以下日照才能开花结荚)、长日型(12～14小时以上日照时间才能开花)和中间型(在较长或较短日照条件下均能开花),而且研究证明大多数品种属中间型。我国栽培的多数品种对光周期反应属中间型,开花对光照长短要求不严。所以,这些品种在全国各地大多可以互相引种。菜豆对光照度要求较高,光饱和点为2万～5万勒克斯,对光照度要求仅次于茄果类。花芽分化后,光照减弱时,植株同化作用能力也相应减弱。以保护地栽培为例,当光照度降至露地的70%时,同化量只有露地的72.6%;光照度降至对照的50%时,同化量只有对照的51.8%;光照度降至对照的30%后,同化量只有对照的39.1%。由于光照度减弱,同化量减少,植株徒长,落花落荚现象严重。在保护地栽培,注意光照管理,清洗棚膜,增加进光量,对改善棚室栽培综合条件,关系重大。

**(3)水分条件** 菜豆对水分的要求主要表现在适宜土壤水分为根系创造良好的生长条件,强大的根系为开花结荚吸收更多的营养物质。据试验结果表明,沙土绝对含水量为13%～20%,褐土绝对含水量为18%～25%,根系表现为生长良好,根长值最大。就开花结荚来说,在高湿区(土壤持水量70%)、中湿区(土壤持水量59%)和低湿区(土壤持水量45%)的条件下进行试验和研究的结果表明,高湿利于开花结荚,干燥则带来不良影响。在低湿条件下,花期推迟,数量明显减少。在开花初期12～24小时,水淹则会发生落花落蕾,但植株生长状况变化不大;而在开花结束时,水淹24小时,则茎、叶变为褐色,大多腐烂脱落。在保护地条件下栽培应加强水分管理。

**(4)空气相对湿度** 空气相对湿度主要影响菜豆花粉粒的萌发,高温、干旱、空气湿度低,则花粉发育易畸形、不孕或死亡,导致花和果荚数量减少。开花期遇阴雨或田间积水,空气相对湿度大,菜豆花粉由于耐水性极弱,此时不仅不利于花粉萌发,而且降低了雌花蕊柱头上的黏度,使雌蕊不能正常受精,造成落花落荚。在保护地栽培中,根据这些特性,既不宜相对湿度过小,又不宜花期湿度过大,一般以保持相对湿度80%左右为宜。湿度过大,要及时通风。采用滴灌或膜下灌溉,是降低保护地栽培空气相对湿度的主要措施。

**(5)土壤养分** 菜豆适宜在表土层深厚而肥沃的壤土中栽培,在低湿和黏重土壤上栽培,由于排水和土壤透气不良,易诱发菜豆病害。菜豆耐酸能力弱,一般认为以 pH 5.6～6.8 为适宜。菜豆在豆类中也是耐盐性最弱的,尤其是不耐含氯化物的盐碱土壤,含盐量达到 2 000 毫克/千克时,植株地上部分的重量和产量减半。

矮生种在氮素吸收方面,茎叶中,初期含量高,随着生育的推进过程而迅速减少,到种子肥大期达到稳定。嫩荚中氮含量初期高,以后有一段时间减少,随着种子的肥大又稍有增加。磷元素在茎叶中随着生长而含量下降,叶中的含量在开花结束时低,而到荚伸长时又升高,以后逐渐稳定,在荚果中的含量也和茎中含量相似。钾元素在茎叶中的含量,初生育期高,随着生长逐渐减少;在荚果中随着生长含量增加,到种子肥大时则减少。

氮、钾元素在蔓生种中的含量变化趋势与矮生种相同。而磷元素在蔓生种叶中则表现出与矮生种不同的趋势,蔓生种叶片磷元素含量随生长不断减少。

根据菜豆生育期对土壤营养需求,保护地栽培做垄时,施入少量氮素化肥非常必要,在开花结荚期分期、分批追施肥料能促进结荚,提高菜豆品质和产量。

### 12. 菜豆棚室栽培的季节和茬次如何安排?

菜豆不耐低温和霜冻,在夏季高温多雨条件下生长不良。露地生产的栽培季节月平均气温为 10℃～25℃ 比较适宜。棚室菜豆栽培要获得丰产,棚室采光性能必须良好,可根据设备性能安排日光温室越冬茬、冬春茬和秋冬茬生产,大棚安排早春茬和秋延后茬生产,小拱棚安排早春茬生产。

**(1)日光温室越冬茬** 9月下旬或10月上旬播种,11月下旬至翌年的3月下旬为收获期。该茬温度条件差,光照弱,栽培密度要略小,产量较低,但产品价格较高,经济效益较好。

**(2)日光温室冬春茬** 11月下旬至12月上旬播种,翌年3月上旬至5月下旬收获。此茬苗期低温,逐渐地光照、温度都比较适宜,产量最高,经济效益也比较可观。

**(3)日光温室秋冬茬** 9月上旬播种,10月下旬至翌年1月下旬收获。这茬菜豆在前期温度光照还是比较适宜时完成开花坐荚过程,让荚果在低温来临期缓慢生长,维持到春节前上市。

**(4)大棚早春茬** 黄河流域可在2月上旬至3月上旬育苗,3月下旬定植,4月下旬至6月上旬收获。山东省以北地区育苗、定植时间应陆续向后推迟。

**(5)大棚秋延后** 8月上旬直播,9月中旬至11月上中旬收获。根据各地区秋末第一次大寒流到来的时间规律,采取早打顶,及时结束收获,以免使果荚遭受冻害而失去商品价值。

### 13. 保护地菜豆种植成败的关键因素是什么？

根据寿光市保护地菜豆种植的经验,菜豆在棚室内种植,成败关键因素是多方面的,但主要应抓好以下几点。

**(1)棚体结构性能良好** 菜豆喜温暖不耐寒,在棚室内种植时,越冬茬在日光温室种植,要求有良好的保温性能,合理的采光效果,土质肥沃、透气性好。气温回升后,通风条件好而且合理,水肥供应充足。大棚、小拱棚栽培,要求采光合理,通风效果好,防寒能力强,才能取得预期的效果。

**(2)选择适宜播期** 菜豆不耐高温又不耐低温。气温过高时,落花落荚严重。早春栽培,生育期安排在外界高温来临之前结束收获,早春播期过晚,后期生长温度高时,不能正常结荚,影响产量。秋茬播期又不宜过早,早了前期温度高,下部的花序抽生不好,很难结荚,也影响产量。选择最佳播期,把生育期安排在最适宜的环境条件下才能高产。

**(3)培育壮苗** 要想菜豆生长发育良好,首先要求苗壮。因此,采取相应的措施,培育出具有很强抗逆能力的壮苗,提高菜豆在低温弱光期的抗寒能力和抗病能力,才能取得较高的产量和效益。

**(4)抓好促控管理技术** 菜豆在开花结荚前的营养生长阶段,地上部分与地下部分、营养生长与生殖生长的矛盾非常突出,管理上主要协调营养生长与生殖生长的关系,才能达到壮秧壮根的目的。

### 14. 菜豆三步施肥法的具体要点是什么？

**(1)育苗肥** 菜豆栽培以直播为主。随着保护地菜豆栽培技术的发展,采用育苗移栽的方法在逐渐增加。育苗所用的营养土要选择 2～3 年内没有种过菜豆的菜园土,用 4 份菜园土与 4 份腐熟马粪和 2 份腐熟的鸡粪混合制成,在每 100 千克营养土中再掺入 2～3 千克过磷酸钙和 0.5～1 千克硫酸钾。土壤酸碱度应以中性或弱酸性为宜,土壤过酸会抑制根瘤菌的活动。在酸性土壤上,可酌量施用石灰中和酸度,施石灰时要与床土拌匀,用量不能太多,用量大或混合不均匀容易引起烧苗和氨气的挥发,造成气体危害。

(2)基肥　菜豆是豆类中喜肥的作物,虽然有根瘤,但固氮作用很弱。在根瘤菌未发育的苗期,利用基肥中的速效性养分来促进植株生长发育很有必要。一般每 667 平方米施用厩肥 4 000～5 000 千克或腐熟垃圾肥 5 000 千克,过磷酸钙 20～35 千克,草木灰 100 千克。矮生菜豆的基肥量可以适当减少。菜豆根系对土壤氧气的要求较高,施用未腐熟鸡粪或其他有机肥,将导致土壤还原气体增加,氧气减少,引起烂种和根系过早老化,对产量的影响很大。所以施基肥要注意选择完全腐熟的有机肥,同时不宜用过多的氮素肥料做种肥。

(3)追肥　播种后 20～25 天,在菜豆开始花芽分化时,如果没有施足基肥,菜豆表现出缺肥症状,应及时追肥,每 667 平方米追施 20%～30% 的稀人、畜粪尿约 1 500 千克,也可在每 1 000 千克稀粪中加入硫酸钾 4～5 千克。及早追肥,增产效果明显,但苗期施过多氮肥会使菜豆徒长。因此,是否追肥应根据植株长势而定。

菜豆开花结荚期需肥量最大,蔓生品种结荚期的营养主要是从根部吸收来的,有一部分是从茎叶中转运过来的,而且开花结荚期较长。而矮生品种菜豆结荚期的营养由茎叶转运来的高于根部吸收的,因此蔓生品种较矮生品种需肥量大,施肥的次数也要多些。一般矮生菜豆追肥 1～2 次,蔓生菜豆追肥 2～3 次。每次追施纯氮 3～5 千克(尿素 7～11 千克或硫酸铵 14～23 千克),氧化钾 5～7 千克(硫酸钾 10～15 千克)。最后一次氮肥的用量减半,钾肥用量也可减半或不施。

### 15. 菜豆浇水如何做到先"补"后"调"?

菜豆传统的浇水方法是"浇荚不浇花。"寿光市农业高科技示范园经过几年的试验与研究,认为"菜豆浇荚不浇花"是不科学的。其原因是:腐殖酸叶面肥的问世,直接能供给叶片及茎秆吸收,并且高浓度的腐殖酸叶面肥能抑制营养生长,促进生殖生长。因此,建议菜豆先"补"后"调",再浇肥水。其具体做法如下:一是选择腐殖酸液肥;二是选择不含金属离子的杀菌剂;三是选择含腐殖酸(或氨基酸)、含生物菌的冲施肥;四是选择连续 3～5 天的晴天,先混合补施叶面肥,间隔 24 小时再随小水施肥。

(1)选择腐殖酸液肥 早春时间,各农户之间由于受栽培时间的限制及地温的影响,菜豆生长势各不相同,定植早的长势旺,定植晚的遇低温根系发育差、长势弱。结合腐殖酸液肥的特性,根据植物学特性,根系吸收无机养分促进茎叶果实发育,进而达到养根和控长结合。建议:无论长势强的还是长势弱的菜豆,均需喷施 200～300 倍的腐殖酸液肥(如高美施液肥、慧满丰液肥)。

(2)选择不含金属离子的杀菌剂 受低温高湿的影响,菜豆易发生灰霉病和菌核病。但是由于含金属离子的农药受人为操作、温度等原因影响,易造成"烧叶"、"烧荚"。建议选用含过氧乙酸的蔬尔壮或菜病宝 500 倍液喷洒,也可选用霉敌2 号防治灰霉病。

(3)选用生物冲施肥 生物肥在土壤中能分解有机质、解

· 21 ·

磷、解钾、固氮,并能疏松土壤,提高地温,促进生根,减少根部病害、盐害。因此,建议冲施生物冲施肥。

选择晴天的下午喷施腐殖酸液肥 200 倍液并结合菜豆长势防治灰霉病(或疫病),加入蔬尔壮 500 倍液。根据植株昼夜养分交换原理,间隔 24 小时以上,再浇肥水,这样既能补充养分、控制生长势,又能减少因高温而扩散的病害,同时给根系补充肥水。另外,采取晚揭早盖的方法将棚内温度控制在 18℃~28℃,再加上 3~5 个晴天,菜豆的产量定有提高。

最后,那种"浇荚不浇花"的理论一定要突破。因为浇水往往使菜豆植株徒长,造成节位长、茎秆细,叶片黄,从根系中吸收的养分分配不合理,造成植株下部花荚畸形。但是,如果用高浓度的腐殖酸或氨基酸液肥喷洒后 24 小时,植株养分充足,特别是营养点受到抑制,且养分齐全,再浇水冲肥,那么养分主要供给中下部,这样就能达到"上保花荚,下促花荚",生物产量一定不低。寿光市农业高科技示范园连续 3 年在冬暖大棚(日光温室)中推广这个做法,均取得了上市早、品质好、抗早衰、病害少、单产高的效果。

### 16. 如何促进保护地菜豆"二次结荚"?

保护地早春菜豆能早熟,采收期较短,一般只有 40 余天。若管理得当,果荚采收完后仍枝叶茂盛。为了延长大棚菜豆的采收期,提高菜豆产量,可采取相应措施,促进二次结荚。在第一茬荚果采收后,不要拉秧。清除田间杂草,去掉植株上的老叶,喷药防病,重施 1 次肥,一般每 667 平方米施用尿素 25 千克,连浇 2 次水,促使植株抽生新的枝芽和花序,促使二次结荚。这时外界气温适宜菜豆的正常生长,去掉棚膜,使菜豆的通风、透光条件进一步改善。这时菜豆的叶面积指数大,生长速度很快,能充分发挥生产潜力。第二次结荚在各种条件都优越的前提下,品质优于前茬,果荚肥大,产量较高,可比一次结荚提高产量 95% 以上,采收期可延长 30 多天。

采用二次结荚技术时,需保证植株生长后期茎叶茂盛、健壮,无病害;否则,二次结荚的效果不太明显,不如拉秧改茬。

### 17. 如何提高蔓生菜豆结荚率?

菜豆栽培要获得高产,关键是提高结荚率。蔓生菜豆花芽很多,每株能分化 18 个以上花序,每个花序上又可以着生 6～10 朵花,分化花芽的能力极强。但不良的菜豆栽培方法,常会引起落花落荚,产量降低。据调查发现,一般蔓生菜豆结荚率仅占花芽分化数的 6%～10%,占开花数的 20%,其中有 80% 以上的花脱落。因此,生产上掌握以下几项提高结荚率的关键措施尤为重要。

(1)合理浇水 在初花期以控水为主,此时少浇或最好不浇,如浇水过多,植株营养生长过旺,消耗养分多,致使花蕾得不到充足的营养而发育不全或不开花,因而造成大量落花现象的发生。在水分管理上应掌握"三看":看天气,看墒情,看苗情。看天气:如果是低温寡照、阴雨雪天气千万不能浇水,以免地温更加降低,加大田间湿度,造成生长不良,致使落花落荚;如果天气晴朗,温度较高,采用轻浇、早晚浇等方法,降低地表温度。看墒情:若土壤过干,在开花前浇水,以供开花所需。如墒情好,应一直蹲苗到幼荚长至 3～4 厘米长时再浇水。坐荚后,植株逐渐进入旺盛生长期,既长茎叶,又开花结荚,需要的水分和养分较多,此时应以促为主。结荚初期 7 天浇 1 次水,以后逐渐加大浇水量,使土壤水分稳定在田间最大持水量的 60%。看苗情:如果苗情长势弱,可以浇 1 次水,促其长茎长叶,为提高结荚率打下基础。如果苗势很壮,就应该一直蹲苗到幼荚长至 3～4 厘米长时再浇水。

**(2)合理施肥** 施足基肥,每 667 平方米施充分腐熟鸡粪 400 千克以上。初花期前一般不再追肥,等到幼荚长至3～4厘米长时再随水施肥,以防止秧苗徒长而影响其结荚率。开花结荚期应施 2～3 次肥。施肥种类一般以腐熟的人粪尿、厩肥为主,适当增施一定量的过磷酸钙、氯化钾肥。氮肥用量要适宜,以免造成植株徒长,导致落花落荚和影响根瘤菌的形成。

**(3)保证充足光照** 为避免遮光,棚室内栽培应采用尼龙绳吊蔓,经常清洁棚室的棚面。棚室栽培密度不可过大,每 667 平方米应控制在 3 000 穴以内。密度过大,往往只长秧不结荚。后期及时摘除下部老叶,能改善通风透光条件,还可减少养分的消耗,是保花保荚和促进枝叶生长的有效措施。

**(4)及时采收** 及时采收可减轻植株负担,促使其他花朵开花结荚,减少落花落荚,延长采收期。气温低时开花后 14 天采收,气温高时开花后 10 天左右采收。

**(5)药剂处理** 在开花期用 10～15 毫克/千克萘乙酸溶液涂花序,可抑制离层的形成。或用绿丰宝促进花芽分化,保荚促长,提高结荚率。

**(6)及时防治病虫害** 对菜豆上的锈病、炭疽病要及时防治,虽然这些病害是叶部病害,但会影响菜豆的开花结荚率。对菜豆上的蚜虫及白粉虱也应及时加以防治,因为这些虫害不仅会引起病害的发生,还直接影响光合作用,因而影响菜豆的开花结荚率。

### 18. 菜豆越冬茬栽培如何科学施肥?

**(1) 早施基肥** 日光温室冬春茬菜豆生产,应提早到 9 月中下旬整地。在冬季低温寡照时期,菜豆的生长发育环境比较低劣,为增加土壤冬、春季节的通透性,更应该多施有机肥。提早将有机肥施入土中,每 667 平方米撒施腐熟有机肥 5 000～10 000 千克,然后深翻 30 厘米,整地时,再将粪、土掺匀。

**(2) 巧施定植肥** 10 月下旬至 11 月上中旬,菜豆定植时,在每两个定植垄间开 1 条 15～20 厘米深的沟,每 667 平方米施三元复合肥 40 千克,同时顺沟灌底水,待水渗后顺沟起垄。栽苗时,每两株苗间每 667 平方米再点施磷酸二铵 30千克。

**(3) 用硫酸铵做追肥** 如冬季追施尿素,由于土壤温度低,尿素的养分分解缓慢,因而肥效发挥慢;使用碳酸铵虽然肥效快,但在温室的密闭环境下碳酸铵中的氨气挥发会产生肥害。而硫酸铵可以克服上述两种化肥的缺点,因此冬季追肥,每 667 平方米每次施用硫酸铵 20～30 千克为最好。

**(4) 应用生物有机复合肥** 生物有机复合肥含有促进养分分解的活性菌和微量元素。无论用其做基肥还是做追肥,其养分全面,肥力持久,发挥肥效快,既可培肥地力,又可有效地抑制或延缓温室土壤盐渍化,是菜田土壤较为理想的一种复合肥。每 667 平方米用生物有机复合肥 120 千克做基肥,在菜豆定植时撒施或沟施;用生物有机复合肥 40 千克做追肥,开浅沟施入,埋土后灌水。

**(5) 追肥的方法** 冬季追肥,应将化肥事先溶解在水中,然后结合灌水,将化肥水冲入灌水沟内。一般每隔 1 次清水浇 1 次化肥水。

(6)严冬过后重追肥　冬季的低温、弱光使菜豆生产缓慢。为了弥补菜豆冬季生育期间的消耗,为开春后的增产奠定基础,应于1月底至2月初重追肥1次。每667平方米用腐熟有机肥1500千克加磷酸二铵20～30千克,开浅沟施入后埋土灌水。此时,还提倡每667平方米用4～6千克磷酸二氢钾结合灌水进行土壤追施。

### 19. 如何确定越冬茬菜豆播期？怎样播种？

菜豆越冬栽培,整个生育周期经历了秋、冬、春3个季节。整个过程的气候特点是由高温到低温,又到高温。根据初步的观察和总结,越冬菜豆高产的关键在于控制植株生长在低温期之前完成营养生长,在低温期缓慢进行开花、结荚的生殖生长,早春外界气温回升时产品可大量上市,这样则可获得较高的产量和经济效益。播种期的早晚关系到总产量的高低。据观察,播种期早,前期营养生长速度快,过早进入结荚盛期,正值低温寡照,由于营养供求矛盾较大,很容易造成植株老化,降低产量。播种期晚,低温到来之际,营养生长还没有完成,虽然减少了植株的营养生长量,易早开花结荚,但很易形成小老苗,早春光照、气温适宜时,也无法达到预期的结荚盛期。各地越冬茬菜豆栽培播期,根据发苗期、幼苗期和初花期的生长时间需50～60天,我国大部分地区一般最低气温在1月份出现。因此,在10月中旬播种比较适宜。

菜豆播种期的气候条件适宜,一般不采用育苗移栽,直播效果最好。蔓生菜豆一般采用高垄(畦)栽培,垄宽25厘米、高15厘米,垄距65厘米。矮生菜豆可采用垄栽,也可采用平畦直播。垄栽时做成垄宽40厘米、高10厘米,垄沟宽30～40厘米。播种时每垄播2行,播种深度一般不浅于3厘米,不深于 5 厘米。播种过深或过浅,均不利于出苗。播种时如墒情不足,可在播前浇水穴播或沟播,以便足墒下种,下种后及时盖上地膜。出苗时,及时破膜引苗,压好膜眼,防止跑墒。

### 20. 菜豆越冬栽培的关键技术是什么?

菜豆越冬栽培是秋季或冬初在阳光温室中播种、元旦或春节上市的一种栽培方式。其越冬栽培的关键技术如下。

**(1) 栽培设施及时间** 越冬栽培中,菜豆的生长期全部在寒冷的冬季。因此,所用栽培设施必须具有很好的保温性能。目前,只有性能良好的日光温室才能达到以上标准。播种时间要根据设施的保温、采光条件、栽培管理水平、种植茬口以及要求上市时间来确定。品种选择中熟、早熟蔓生品种。

**(2) 田间管理** ①补苗。菜豆子叶展开后,要及时查苗补苗。保证菜豆苗齐是提高产量的关键措施之一。②浇水。播种底墒充足时,从播种出苗到第一花序嫩荚坐住,要进行多次中耕松土,促进根系、叶片健壮生长,防止幼苗徒长。如遇干旱,可在抽蔓前浇 1 次水,浇水后及时中耕松土。第一花序嫩荚坐住后开始浇水,以后应保证有较充足的水分供应。浇水应注意避开盛花期,防止造成大量落花落荚,引起减产。扣膜前外界气温高时,应在早晚浇水;扣膜前外界气温较低,应选择晴天中午前浇水,浇水后及时通风,排出湿气,防止夜间室内结露引起病害发生。寒冬为了防止浇水降低地温,应尽量少浇水,只要土壤湿润即不要浇水。一般在 2 月份后气温开始升高时,可逐渐增加浇水次数。③追肥。每一花序嫩荚坐住后,结合浇水每 667 平方米追施硫酸铵 15～20 千克或尿素 5 千克,配施磷酸二氢钾 1 千克,或施入稀人粪尿 1 000 千克。以后根据植株生长情况进行叶面施肥,叶面肥可选用 0.2%

尿素、0.3%磷酸二氢钾、0.08%钼酸铵、光合微肥、高效利植素等,均可起到提高坐荚率,增加产量,改善品质的作用。④控制徒长。在幼苗3~4片真叶期,叶面喷施15毫克/千克多效唑可湿性粉剂溶液,可有效地防止或控制植株徒长,提高单株结荚率20%左右。扣棚后如有徒长现象,可再喷1次同样浓度的多效唑。开花期叶面喷施10~25毫克/千克萘乙酸及0.08%硼酸溶液,可防止落花落荚。⑤吊蔓。植株开始抽蔓时,要用尼龙绳吊蔓,植株长到近棚顶时,可进行落蔓、盘蔓,延长采收期,提高产量。落蔓前应将下部老叶摘除并清出棚外,然后将已摘除老叶的茎蔓部分连同吊蔓绳一起盘于根部周围,使整个棚内的植株生长点均匀地分布在一个南低北高的倾斜面上。⑥温度管理。扣膜后7~10天内昼夜大通风。随着外界温度的降低,应逐渐减少通风量和通风时间,但夜间仍应有一定的通风量,以降低棚内温度和湿度。在外界最低气温降到13℃时,夜间要关闭通风口,只通顶风。夜间最低气温低于10℃时关闭风口,只在白天温度高时通风。入冬以后,夜间膜上要盖草苫,防止受冻,以延长采收期。扣膜后温度管理的原则是:出苗后白天温度控制在18℃~20℃,温度升到25℃以上要及时通风;夜间控制在13℃~15℃。开花结荚期,白天温度保持在18℃~25℃,夜间15℃左右。温度高于28℃、低于13℃时均会引起落花落荚。要特别注意避免夜间高温。

(3)采收 越冬栽培中,以元旦前和春节前的价格最高。因此,应尽量集中在这两个时段采收,但也应兼顾适时采收,切忌收获过晚导致豆荚老化,降低产品质量。

## 21. 越冬茬菜豆雪天如何管理?

**(1)雪前要预防** ①增施有机肥,可以增加土壤的热容量,缓冲连阴天热量散失引起的棚内降温,还可以促使根系提高耐寒能力。②合理用水。冬前适度控水,降低室内空气相对湿度非常重要,同时要制造一个底墒足、表土干的环境条件。

**(2)下雪时重管理** ①连阴雪天揭盖草毡。连阴天不下大雪时,都要注意揭盖草毡,争取宝贵的散射光。要比晴天晚揭早盖1个小时。②降温管理。在连阴天的情况下,菜豆的光合作用很弱,合成的光合产物很少,为减少呼吸消耗,必须降低温度。夜间一般比晴天要降低1℃~2℃。③中午通风换气。在连阴雪天的情况下,呼吸消耗大于光合作用,温室内会积累大量的二氧化碳等有害气体,因此在连阴3天以上时,中午要通顶风1~2个小时。④人工补光。每50平方米设置1个100瓦的灯泡增加室内的光照。灯和植物叶片保持50~60厘米的距离。早晨开灯,每天开2~3个小时,待室内的光照增强后停止。阴天可全天开灯补光。

**(3)晴天后巧管护** 在持续多日的阴雪天后暴晴,切勿早揭和全揭草苫,防止气温突然升高和光照突然加强,导致"闪苗"死棵。要揭"花苫",喷温水,防止闪秧死棵。即掌握适当推迟揭草苫受光照的时间,并且要隔1个或隔2个草苫揭开1个草苫,使棚内栽培床面积上隔片段受光和遮光。当受到阳光照射的菜豆植株出现萎蔫现象时,立即喷洒10℃~15℃温水,并将揭开的草苫再覆盖,而将仍盖着的草苫揭开。如此操作管理1个白天,第二天可按常规管理揭盖草苫,就不会出现萎蔫"闪秧"了。

### 22. 保护地早春茬菜豆栽培密度以多大为宜？植株如何调整？

菜豆栽培密度与产量密切相关。密度过小植株叶面积指数小，形成的产量相应也低。而密度过大，叶面指数多，互相影响光照，通透性差，易诱发病害，同样会影响产量。菜豆栽培密度，根据品种特性不同而定。侧蔓少、以主蔓结荚为主的品种，密度可适当大一点；分枝性强、主蔓生长势弱，要求高产须充分发挥侧蔓作用，栽培密度就应小一些。早春和秋季又不一样。春季气温低，地温也低，不利于菜豆的主蔓伸长；秋季主蔓在地温高的情况下生长势强，侧蔓不易萌发。同样的品种，春季栽培密度要适当小些，秋季密度应大一些，才能充分发挥菜豆在各种条件下的生长特性，从而提高产量。

保护地早春栽培密度以每 667 平方米栽植 3 500 穴为宜。采取宽窄行定植，宽行 70 厘米、窄行 50 厘米，穴距 33 厘米左右为宜，每穴留 2～3 苗。

植株调整是提高产量的重要环节，保护地早春栽培的菜豆，一般侧蔓生长快，则主蔓生长将受到抑制，基部的侧枝应及时打掉。基部 4～6 叶不留侧枝，以防下部郁闭，影响植株生长；基部 6 叶以上侧蔓留 2～3 叶打顶，以促进花序的抽生。待主蔓长度为 2 米左右时，及时打顶，以限制营养生长。

早春保护地菜豆应及早支架，一般定植 10 天左右开始抽蔓，在抽蔓时搭架，引蔓上架，防止乱秧。一般采用吊绳吊架。吊架时，可在后立柱上距地面 2～2.2 米处东西向固定 1 根 10 号铁丝，在前立柱近顶端东西向也固定 1 根 10 号铁丝，再按栽培行方向（南北向）每行固定 1 根 16～18 号铁丝，两端分别系在前、后立柱的铁丝上。一般选用尼龙绳或塑料绳吊秧。

可直接将吊绳系住植株底部,将菜豆蔓和吊绳对缠。一般蔓长30~40厘米时就该进行吊秧,并随植株生长,适时将茎蔓缠好。

### 23. 保护地早春茬菜豆高产栽培怎样管理?

**(1)温度管理**  定植后3~4天,将棚内温度升高,以促进快速生根缓苗,白天温度保持28℃~30℃,不超过30℃不通风。4天后缓苗基本结束,进入正常温度管理,白天保持25℃~28℃,夜间10℃~12℃。大棚内最低气温应保持在5℃以上,长期处于5℃以下时,会出现严重的落叶现象。最高气温不超过32℃,经常处于32℃以上的温度,会加重花期的落花现象。阴天白天以18℃~20℃为宜,夜间8℃~10℃。连续阴雨、寒流等不良气候,应加强保温,防止冻坏幼苗。但还应注意通风换气,防止有害气体积累超量,造成危害。中后期外界气温高时,注意夜间通风。

**(2)肥水管理**  缓苗到开花结荚前,要严格控制浇水,防止植株徒长。定植水浇过后,隔几天再浇1次缓苗水,以后严格控制浇水。可中耕2~3次,以加强土壤的透气性,起到保墒作用。中耕时防止伤根,并中耕结合培土。当植株抽蔓时结合插架浇1次小水,开花期不宜浇水,等荚坐住一大部分时再浇1次大水。

为了提高产量,结合浇水追施一定量的化肥。菜豆的根瘤不十分发达,固氮能力弱,须追施少量氮素化肥。一般第一次追肥宜在花前,浇水时每667平方米冲施人粪尿2 000千克或尿素10~15千克,结荚期追施1次重肥,每667平方米追施三元复合肥40~50千克,以满足植株对营养的大量需求。每采收1次,结合浇水追施1次肥料,每667平方米施用尿素 10～15 千克。若根据情况追施一些叶肥,效果会更明显,如用 0.01％钼酸铵加 1％葡萄糖或 1 毫克/千克维生素 B₁ 溶液进行喷洒,可提高菜豆的产量。当蔓生长达到顶住棚膜时,及时打顶,转移营养促进结荚。

保护地早春茬菜豆容易发生病害,主要原因是空气湿度过大,一般相对湿度以维持在 65％～75％为宜。湿度大时注意通风,4 月下旬以后,菜豆棚室应开始通夜风。

### 24. 寿光种植芸豆能手管理春茬芸豆的成功经验是什么?

寿光市田柳镇薛家村陈树良种植芸豆 6 年来,年年创高产、高效,是该村出名的种植能手。他的栽培管理的主要经验如下。

**(1)合理施用肥水,确保营养生长与生殖生长协调进行** 芸豆定植后以促棵壮秧为主,一般不浇水施肥,以防止棵子旺长或形成弱苗。当棵子长到 1 米高时,可浇 1 次清水,以促进蔓子的生长。后直至坐住荚前不再浇水施肥。当荚大都坐住,长到 7～8 厘米时,开始浇水施肥,以补充芸豆荚生长所需的水分和养分,防止因水分和养分供应不足造成落花落荚。

**(2)提高开花坐荚率,促进多形成精品荚** ①合理使用激素。采用助壮素进行控制,其浓度随着芸豆的长势而定,一般在苗期可用 1 000～1 500 倍液,在植株生长旺盛期用750～1 000 倍液。②严格调控温度。芸豆授粉的温度范围较窄,一般白天温度控制在 23℃～25℃、不能超过 25℃,夜间温度控制在 13℃～14℃,以促进花芽正常分化,保证芸豆正常坐荚。③及时整蔓。及时将植株下部萌发的侧蔓缠绕到主蔓上,防止侧蔓杂乱影响通风透光而不利于坐荚。在芸豆花期,若遇阴天,在阴天的前一天应喷施一些促花保荚的调节剂(如硕丰

481)保花保荚。

**(3)防治病害保障植株和豆荚正常发育**  芸豆不耐药,在病害防治上,要本着以防为主、综合防治的原则进行。要严格控制药剂的使用浓度,不能随意加大用量,以免产生药害。早春季节,主要是防治灰霉病。防治灰霉病可采取以下三项措施:一是及时拾花,减少灰霉病菌侵染的概率;二是喷药预防,可用扑海因或速克灵 1500 倍液,每 10～15 天喷防 1 次;三是一旦发病,掌握在发病初期用药,喷、熏结合,全面防治。

### 25. 保护地菜豆夏季高产栽培包括哪些关键技术?

**(1)品种选择**  应选择既耐高温又抗锈病的品种。一般选用潍坊地方品种老来少,也可选用泰国架豆王。

**(2)播种方式**  一般在 6 月上旬上茬拉秧结束后直接播种。此时期应选用宽行密植,以利于通风透光。按株行距0.25米×0.65 米穴播,每穴播 2～3 粒种子,最好在浇水后的第三天播种,种子一定要拌 901 药剂,以防治根腐病。播后培小土包,以保湿防干,待 1 周后出苗率达 80%时,浇小水以保苗全苗齐。

**(3)结荚前期的管理**  ①调节温、湿度。棚膜除顶膜外,四周应尽量打开以利于通风降温,此时棚膜有遮阳的作用,棚内温度相对低些。但是,一定要固定好棚膜,防止大风把膜吹坏,造成不必要的经济损失。此时一定要控制好蹲苗的湿度,浇水后马上中耕除草,要深锄以利于断根,防徒长。此后一般不浇水,如果午后 14 时菜豆叶还萎蔫,应浇小水,防止过度控水而影响正常生长。②适时掐尖。菜豆生长期遇高温极易徒长,节间拉长,易使秧苗细弱,为了克服这一缺点,要适时掐尖。当第三组叶片形成时,将上方生长点掐掉,即秧苗长到

80 厘米左右时掐尖。掐尖后由于营养生长回缩,使枝蔓粗壮,很快在下部节间长出杈子,生出结果枝组,能够调整植株结构,能早开花、多结荚。另外,也可用矮丰灵 600 倍液浇根,使菜豆秧苗粗壮,促进侧枝萌生,起到控制徒长的作用。

**(4)结荚期的管理** ①防止落花落荚。夏季菜豆生产就怕开花遇高温多雨,落花落荚,光长秧子不结荚造成歉收。在保护地栽培菜豆可以克服这一缺点,但也要注意避免落花落荚。遇到高温、空气相对湿度低于 75% 时易造成落花落荚,应在控制土壤湿度的同时,在上午 9 时向植株喷水降温和增加空气相对湿度。另外,可用防落素 1 支(2 毫升)对水 2 升,用小喷雾器喷花。如过于干燥时,应浇小水,以利于开花坐荚。②加强肥水管理。当第一茬豆荚大部分长到 2~3 厘米时,豆荚基本已坐住,可浇 1 次透水,每 667 平方米随水追施磷酸二氢钾 10 千克。每摘 1 次商品豆荚后,要浇 1 次水。隔水追肥,可用磷酸二氢钾和人粪尿交替使用。③封住生长点。当菜豆秧接近棚顶时,要控制住上部疯秧现象,在距棚面 20 厘米处把生长点去掉。否则会使上部呈郁闭状态,致使植株生长不良。

**(5)菜豆的病虫害防治** ①防治钻心虫。一般菜豆前期病虫害轻,基本不用打药。只在花期打两遍药防治钻心虫,可结合叶面施肥一起打,最好使用 B.t.。②防治锈病。温差大、湿度大易发生锈病,但棚内较露地要轻得多。发现锈病后,在孢子未破裂之前,及时喷施乙磷铝 500 倍液＋代森锰锌 500 倍液,也可与粉锈宁 1 000 倍液交替使用,连续使用 2~3 次,就基本能控制住该病。③防治炭疽病。结荚后期由于高温高湿,易得炭疽病。可用炭疽福美 500 倍液或施保克 800 倍液喷雾防治。

## 26. 秋延后茬菜豆为什么要求直播和密植？

秋延后菜豆一般采用日光温室或大棚栽培。播种时气温、地温均比较适宜，生长速度很快。在适宜的地温和气温环境条件下，有利于菜豆主蔓生长，且分化的侧枝少，高产栽培应适当增加栽培密度。

秋季延后菜豆栽培，菜豆幼苗在气温、地温较高的情况下生长很快，根、茎、叶同时发展，幼苗期很短，育苗移栽相应增加了劳动用工，同时时间紧迫。在气温、地温高的情况下幼苗缓苗迟缓。另外，育苗栽培的营养生长势弱，很难长成壮株，产量不高。当前多以直播为好。

菜豆的根瘤菌不太发达，为提高菜豆根系固氮能力，播种前用根瘤菌拌种，每 667 平方米播 4～5 千克种子，可用根瘤菌粉 50 克。把种子放入 55℃热水中烫 15 分钟，捞出后放在冷凉水中淘洗一下，把根瘤菌粉剂均匀拌在种子上，拌后不要再经太阳暴晒，稍晾后即可播种。由于秋季菜豆分枝少，种植密度应在 4 000 穴以上，每穴不少于 3 株。播种时，应平整地面。若干旱，先按宽行 60 厘米，窄行 50 厘米，开沟浇水，把种子播在沟缘半坡处，穴距 30 厘米左右。播种后趁墒封沟，种子上面盖土厚度 4～5 厘米，播种后，用菜耙子搂平即可。墒情好的，可挖穴播种。

菜豆不论是沟播或穴播，在播种时苗距基本确定，如果出现缺苗，必然影响产量。在子叶展开时，尚未出土的种子，势必弱差，即使后来出土，也失去了价值，必须及时补苗。

为使后补的幼苗与先播的幼苗生长势接近，应另设一小块苗床，用营养钵补栽幼苗。补苗时在空穴上挖开深 10 厘米的坑，浇水栽苗，或栽苗后浇水，等水渗下时封坑。补苗越早，苗的整齐度越高。另外,要注意防止地下害虫为害。

## 27. 秋延后茬菜豆高产栽培有哪些技术要点?

**(1)轻控重促** 秋延后茬栽培的气候特点是前期光照条件好,温度比较适宜,随着时间推迟,光照条件和温度条件越来越差。所以,前期要充分利用有利的光照、温度条件,轻控重促,待营养生长基本完成后,随着气温下降,植株的营养生长自然受到抑制,很难出现继续旺长现象。因此,必须抓好肥水管理,促进产量形成,才能获得高产。

**(2)适时打顶** 秋延后茬栽培期间,以促为主,当植株生长到一定高度时,要适时打顶,让植株的营养输送向生殖生长方面转移。若大棚栽培,应根据情况,尽早打顶,防止营养生长时间延长,后期结荚时遇到大寒流而冻坏。一般大棚、温室栽培在大降温季节前 40 天打顶为好,即植株生长高度为1.5~1.8 米。温室植株高度以 2 米左右为宜。

**(3)水肥管理要及时** 秋延后茬栽培,菜豆的营养生长和生殖生长都比较集中,肥水跟上才能夺得高产。一般在抽蔓时浇 1 次小水,追少量化肥,每 667 平方米施尿素 10~15 千克。打顶前浇水时冲施 1 次重肥,每 667 平方米施尿素 25~30 千克,使植株能够得到充足的营养物质,以适应生长期的需要,才能有效地提高产量。

**(4)扣膜时间的确定** 温室大棚秋延后茬栽培,扣棚膜时间应根据以下两个情况决定:一是根据菜豆植株大小确定扣棚膜时间。如播期适宜,生长速度快,植株强壮,可到温度下降时再扣膜;如播种较晚,植株矮小,为了充分利用当时的光照条件,需提高温度,让植株快速生长,可提早扣膜,控制适宜温度,加速菜豆的生长。二是根据外界气温下降情况决定扣膜时间,一般最低温度达到 4℃~5℃时,不适应菜豆的生长,则需要及时扣棚膜。

扣棚前要做好全面的检查和维修。检查拱杆是否有毛刺、裂口,有无划破农膜,还应检查菜豆支架是否超出棚面,如高出棚面的应及时剪除;检查棚墙是否牢固,压膜线是否够数,棚前展膜地面上有没有尖锐之物。一切检查工作完毕,存在问题解决之后,利用晴天的早上或下午在无风的情况下,及时扣上棚膜。

**(5)扣棚后的管理** 扣棚初期,要让菜豆有一个适应的过程,温度不宜升得太快、太高。一般白天大量通风,适当提高夜间的温度,天黑后盖好通风口。经过 5~7 天,植株基本能够适应棚室条件后,白天温度保持 25℃~28℃,夜间15℃~17℃。浇水追肥后,要加大通风量,减少棚内的湿度,防止引发病害。

**(6)合理采用化控技术** 在秋延迟菜豆上喷施助壮素,能有效地促进花芽分化,使其早开花,多结荚,从而增加产量。其具体做法是:①当苗高 30 厘米时,用 100 毫克/千克助壮素溶液与 0.2%磷酸二氢钾溶液混合均匀后喷雾。②当苗高50 厘米时,用 200 毫克/千克助壮素溶液和 0.2%尿素溶液混合均匀后喷雾。③当苗高 70 厘米时,用 200 毫克/千克助壮素溶液和 0.2%磷酸二氢钾溶液混合均匀后喷雾,连续喷施2~3 次。注意每次喷施时间最好在晴天上午进行。

**(7)采收看市场** 一般规律,秋延后茬菜豆上市时,市场价格一天比一天高,特别是节假日,市场销量倍增。可菜豆生长的速度是随着时间推移一天比一天慢,为了取得较好的产量,秋延后茬采收和春季大不一样,多以大荚为主,能向后拖延一天就拖延一天采收,在节假日时,采收上市,经济效益会更好。

(8) 科学贮藏增效益　菜豆短时间贮存,也可明显增加效益。其贮藏方法是:用一个大水缸加入 20 升水,上面架木筢帘,把豆荚排放在缸里,放平后盖一块农膜,保持 5℃ 左右的温度,可贮存 10～15 天,增加效益 50％以上。还可用硅窗塑料保鲜袋,每袋贮存 20～25 千克,效果很好。

## 28. 什么是日光温室菜豆去病枝再生新技术?

灰霉病是日光温室常见的一种病害,近年来,随着温室菜豆栽培面积的不断扩大,灰霉病危害呈加重趋势。经调查,田间病株率达 20％～30％,一般造成减产 40％左右,严重者绝收。为改变这种现状,在对症状和发病规律进行不断研究的基础上,寿光市农业高科技示范园于 2002 年～2003 年进行了菜豆去病枝再生新技术试验并取得了成功。

【症　状】　菜豆的茎、叶、花、荚均可染病。首先从根茎向上 11～15 厘米处开始出现云纹斑,周缘深褐色,中部淡棕色或浅黄色,干燥时病斑表皮破裂形成纤维状,湿度大时生灰色霉层。苗期子叶受害,呈水浸状变软下垂,后期叶缘出现白灰色霉层。叶片染病时,形成较大的轮纹斑,后期易破裂。荚果染病先侵染败落的花后扩展到荚果,病斑初期淡褐色至褐色、后期软腐,表面生灰色霉层。

【发病条件】　低温高湿是芸豆灰霉病发病的重要条件,在有病菌存活的条件下,只要具备高湿和 20℃ 左右的温度条件,病害极易流行。

【防治技术】　目前生产上一般常用生态防治、农业防治与化学防治相结合的综合防治措施,但由于该病菌寄主多,危害时期长,菌量大,在灰霉病发病严重的时候,很难达到理想的防治效果。寿光市农业高科技示范园采用的去病枝再生新技术可使病害迅速得到控制,及时挽回经济损失。此项技术的主要措施如下:一是去除病枝。对剪枝用的剪刀用速克灵1 500倍液浸泡做消毒处理,然后将感染上灰霉病的病枝、病茎从侵染病位向下5~10厘米处剪掉,同时摘除病叶、病荚,带出田外及时销毁,减少病源。二是剪后管理。病枝、茎剪掉后,要严格加强温室内的温、湿度管理,保温降湿。为彻底消除病菌,用75%百菌清600倍液+50%速克灵1 500倍液在温室内喷雾,同时可加入纳米磁能液2 500倍液或爱农植物生长调节剂3 000倍液,促进新枝生长,隔7~10天可重喷1次。采用此项技术后,一般拖延采收约20天,但后期植株发达,长势健壮,并不影响产量,对濒临绝收的温室菜豆是一项较好的补救措施。

### 29. 怎样防治日光温室菜豆根结线虫?

日光温室菜豆秋冬茬栽培,于8月中旬前后播种,霜冻来临时开始采收,拉秧后定植早春茬果菜。也可采用冬春茬栽培,于10~11月播种,翌年1月至春节前后始收,拉秧期根据生长情况而定。秋冬茬受根结线虫危害较为严重。

**(1)土壤处理** 根结线虫严重发生地区,要想根治,若无药剂熏蒸处理土壤的条件,可进行大面积土壤接种线虫生防疫苗处理。每667平方米用豆科作物生防疫苗菌种4~5千克拌中间料400~500千克。在前茬作物收获后,结合施肥,普遍均匀撒施1遍,再进行耕翻耙匀。中间料一般为30%的麦麸+70%的豆秸或花生秧、壳或玉米芯粉。疫苗、中间料、水三者比例为1:50:67,充分混合均匀,摊放于阴凉处,厚度为10厘米,堆放5天后即可使用。

（2）播种　播种前每 667 平方米施农家肥 3 000～4 000 千克,过磷酸钙 40～50 千克。将这些基肥一半全面撒施,另一半按 55～60 厘米行距开沟施入,同时每 667 平方米施入 10％米乐尔 5 千克,或 10％福气多 1.5～2 千克,沟深 30 厘米,肥、药、土充分混匀后顺沟浇足底水,填土起垄,垄高 15～18 厘米,上宽 10～15 厘米。然后在垄上单行点播,平均穴距 25 厘米,掌握前密后稀。开穴后稍浇水,撒点细土,播种 3～4 粒,覆土 3～4 厘米,每 667 平方米播种量 3.5～4 千克。干籽直播时可用菌线威拌种。其方法是:先将 3.5～4 克菌线威拌入 500 克过筛的细土或腐熟有机肥,将种子喷湿后加入混有细土或细肥的菌线威充分拌匀,使药剂均匀附着在菜豆种子表面,即可播种。冬季播种为了增温保墒,促进出苗和降低空气湿度,最好盖上地膜,出苗后再开口。

（3）播后管理　抽蔓后及早采用灌根法防治根结线虫,灌根时可任选下列一种方法。

方法一:1.8％阿维菌素 2 000～3 000 倍液,每穴（3 株）灌液 300 毫升左右,隔 10～15 天灌 1 次,连灌 2 次。

方法二:菌线威 3 000～3 500 倍液,每穴（3 株）灌液 300 毫升左右,隔 10～15 天灌 1 次,连灌 2 次。

方法三:5％淡紫拟青霉菌 2 000～2 500 倍液,每穴（3 株）灌液 300 毫升左右,灌 1 次。

方法四:50％辛硫磷乳油 1 000～1 200 倍液,每穴（3 株）灌液 300 毫升左右,每隔 7～10 天灌 1 次,连灌 3 次。

## 三、菜豆优良品种及栽培要点

### 30. 碧丰有什么特点？其栽培技术要点是什么？

中国农业科学院蔬菜花卉研究所和北京市农林科学院蔬菜研究中心从荷兰引进。

**(1)特征特性** 植株蔓生，生长势强，侧枝多。花白色，始花节位5～6叶节，每花序结荚3～5个，单株结荚20个左右。商品荚绿色，宽扁条形，长21～23厘米，宽1.6～1.8厘米，厚0.7～0.9厘米，含种粒部分荚面稍突出。单荚重14～16克。纤维少，质脆、嫩、甜，尤适宜切丝炒食。较早熟，山东地区春播65天左右采收。田间较抗锈病，抗逆性强。

**(2)栽培要点**

一是栽培方式。碧丰菜豆对日照的要求不严格，在日光温室中可进行冬、春栽培，也可以进行秋冬茬栽培。多用营养钵育苗。一般采用垄作，行距65厘米，穴距33厘米，每穴2株，每667平方米保苗6 000株左右。

二是环境调控。播后白天温度保持在20℃为宜，超过25℃时通风，夜间气温要保持在15℃以上，早晨不能低于10℃，过低时要盖草苫等保温。菜豆缓苗期白天温度为20℃～25℃，夜间12℃～18℃。开花结荚期适宜温度白天在25℃左右，夜间高于15℃。

三是肥水管理。定植前每667平方米施腐熟农家肥3 000～5 000千克，过磷酸钙30～40千克，草木灰100千克。总体要掌握"苗期少，抽蔓期控，结荚期促"的原则。出苗后视土壤墒情浇1次齐苗水。以后适当控水，长有3～4片真叶时，蔓生品种插架时浇 1 次抽蔓水,每 667 平方米追施硝酸铵 15～20 千克,以促进抽蔓,扩大营养面积。开花前蹲苗和控水控肥,使之由营养生长向生殖生长发展,但要防止水肥过多影响根系生长而落花落荚,长空秧。第一花序开放期是营养生长过渡的转折期,一般情况下不能浇水。第一花序开放后,转入对肥水需求的旺盛期。一般第一花序幼荚伸出后可结束蹲苗浇头水,以后浇水量逐渐加大(但不能浸过种植垄),土壤相对湿度保持在 60%～70%。每采收 1 次浇 1 次水,但要避开盛花期。浇 2 次水追1 次肥,每 667 平方米每次追施硝酸铵 15～20 千克,顺水将化肥冲入。

四是植株调整。植株长到 4～8 片叶开始抽蔓时进行吊架。秧蔓长到离棚室前屋面薄膜 20 厘米左右时摘心。结果后期,要及时打去下部病叶、老叶、黄叶,以改善下部通透条件,促使侧枝萌发和潜伏花芽开花结荚。

五是病虫害防治。对根腐病,用 70%甲基托布津可湿性粉剂 800 倍液灌根,每株灌 250 毫升,7～10 天后灌第二次。对细菌性疫病和细菌性晕疫病,用 72%农用链霉素溶液防治,每隔 7～10 天喷洒 1 次,连喷 2～3 次。对灰霉病,用50%速克灵或 50%扑海因 1 000 倍液防治,每隔 7～10 天喷洒 1 次,连喷 2～3 次。对锈病,用 15%粉锈宁粉剂 2 000 倍液喷雾,每隔 7～10 天喷 1 次,连喷 2～3 次。对病毒病,从初花期开始,每 15 天喷 1 次病毒 A 500 倍液。对蚜虫,用灭杀毙 4 000 倍液或 50%辟蚜雾 2 000 倍液喷雾。对白粉虱,用10%扑虱灵或 21%灭螨猛 1 000 倍液喷雾。

### 31. 老来少有什么特点?其栽培技术要点是什么?

老来少为山东省潍坊市农家品种,又称白胖子芸豆,主要分布在寿光、诸城一带。

**(1)特征特性** 植株长势中等，蔓长 2.2 米左右。花白色稍带紫红。荚扁条形，中部稍弯曲。嫩荚近采收时由绿色变白色，外观似老而质嫩，纤维少，品质好。较抗病，播后 60 天左右收获。种子肾形，棕色。该品种产量高，适于春、秋两季栽培。

**(2)栽培要点**

一是栽培方式。日光温室栽培大多采用秋冬茬，于 8 月中旬前后播种，霜冻来临时开始采收，拉秧后定植早春茬果菜。也可采用冬春茬栽培，于 10～11 月播种，翌年 1 月至春节前后始收，拉秧期根据生长情况确定。一般采用垄作，行距 65 厘米，穴距 33 厘米，每穴 2 株，每 667 平方米保苗 6 000 株左右。

二是环境调控。播后地温为 20℃有利于出苗。如露地秋播过晚，地温不足和外界气温低于 15℃时，应立即扣棚。白天保持 20℃左右，超过 25℃时通风，夜间保持 15℃以上，早晨最低温度保持 10℃～12℃，温度过低要盖草苫保温。

三是肥水管理。定植前每 667 平方米施农家肥 3 000～4 000 千克，过磷酸钙 40～50 千克，磷酸二铵 20～30 千克。掌握"苗期少、抽蔓期控、结荚期促"的原则，出苗后，视土壤墒情浇 1 次齐苗水。此后适当控水，长到 3～4 片真叶时，浇 1 次抽蔓水，并每 667 平方米追施磷酸二铵 10～15 千克，促进抽蔓，扩大营养面积。此后一直到开花为蹲苗期，要控制浇水，促进菜豆由营养生长向生殖生长发展。这时如果水肥过多，容易导致茎蔓徒长，落花落荚。一般第一花序的嫩荚伸出后就转入水肥需要旺盛期，结束蹲苗，浇灌 1 次水，随后需水量逐渐加大，每采收 1～2 次就浇水 1 次，但要尽量避开过盛花期。每隔浇水 1～2 次结合追肥 1 次。

四是植株整理。抽蔓后及时用吊绳吊架。当秧头距棚面约 20 厘米时打顶。到结荚中后期随时摘除下部病叶、老叶、黄叶,改善通风透光条件,促使侧枝萌发和潜伏花芽开花结荚。

五是病虫害防治。老来少菜豆病虫害的种类及防治方法参阅本书第 30 问。

### 32. 将军一点红有什么特点？其栽培技术要点是什么？

哈尔滨市农业科学院蔬菜花卉分院选育。

**(1) 特征特性** 蔓生,中早熟,从播种到采收 70 天左右。生长势强,叶片绿色,花紫色,嫩荚绿色,着光部位荚尖部有紫条纹,因此被称为"一点红"。荚扁条形,平均荚长 20 厘米,荚宽 2.1 厘米,单荚重 24 克。外观商品性极佳,无纤维,肉质面,是典型的东北优质油豆角。种皮灰白底带红色纹,椭圆形,千粒重为 400 克。该品种抗逆性强,不早衰,春、秋皆可种植,露地保护地兼用,尤其是保护地栽培表现更佳,高产。

**(2) 栽培要点**

一是栽培方式。山东省温室、塑料棚秋冬茬一般 9 月下旬直播,冬春茬翌年 1 月下旬育苗,2 月中下旬定植。采用营养钵育苗。一般采用垄作,行距 65 厘米,穴距 33 厘米,每穴 2 株,每 667 平方米保苗 6 000 株左右。

二是环境调控。出苗后苗床白天气温保持 20℃～25℃,夜间 10℃～15℃。缓苗期,白天保持 25℃～28℃,夜间 15℃～20℃。缓苗后至开花结荚前,白天保持 20℃～25℃,夜间保持 15℃左右。开花结荚期,白天保持 20℃～28℃,夜间 15℃以上。生长期间空气相对湿度保持在 65%～75%,适宜的土壤湿度为 60%～70%。

三是肥水管理。定植前每 667 平方米施优质有机肥 5 000 千克及三元复合肥或磷酸二铵 30 千克。接近开花时适当控水。嫩荚坐住后,结合浇第一次水每 667 平方米冲施化肥 10～15 千克,以后每 7～9 天采收 1 次,追 1 次肥,使营养充足提高中后期增长潜力。

四是植株调整。及时吊蔓,防止相互缠绕。吊蔓前在每个植株旁插一竹竿(长 30 厘米),在上面绑绳吊蔓。要避免或减轻高温和低温危害,施足基肥,满足茎、叶和花荚的营养需要。注意合理密植,改善光照条件,细致采收。此外,喷施 25 毫克/千克萘乙酸溶液可有效防止落花落荚。

五是病虫害防治。锈病初发期可用 15％粉锈宁 1 500 倍液或粉必清 1 袋(100 克)对水 30～40 升喷雾。细菌性疫病发病初期可用 72％农用链霉素或新植霉素 3 000～4 000 倍液。对潜叶蝇,可用 2.5％溴氰菊酯 3 000 倍液或 2.5％中保 4 号 1 000 倍液喷雾。

## 33. 架豆王有什么特点? 其栽培技术要点是什么?

该品种由泰国引进。

(1)特征特性　中熟蔓生。生长旺盛,叶深绿,叶片肥大。自然株高 3.5 米,有 5 条侧枝,侧枝继续分枝。花白色,第一花序着生在第三至第四节上,每序长 4～8 朵花,结荚 3～6 个。荚绿色,荚圆长形,长 30 厘米,横径 1.1～1.3 厘米,单荚重 30 克。单株结荚 70 个左右,最高 120 个。从播种到采收 75 天,每 667 平方米产量 3 000～4 000 千克。本品种表现稳定,产量高,抗病、抗热。其最大特点是从结荚到完熟无筋、无纤维,荚肉厚、商品性好,品质鲜嫩。是高产抗病的优良品种。

（2）栽培要点

一是栽培方式。山东省温室、塑料棚秋冬茬一般在9月中下旬直播，冬春茬1月下旬育苗，2月中下旬定植。采用营养钵育苗。一般采用垄作，行距65厘米，穴距40厘米，每穴2株，每667平方米保苗5 500株左右。

二是环境调控。棚内白天温度保持在20℃～25℃，高于27℃即须通风降温。下午大棚盖草苫的时间，以盖苫后4小时棚内气温不低于17℃为标准。棚内夜间气温维持在15℃～17℃，凌晨短时间最低气温不低于13℃。

三是肥水管理。泰国架豆王生育期长，需肥量多，施肥原则是施足基肥，轻施苗肥，花前酌施，花后勤施，盛荚期重施。苗期肥水过多，易产生沤根，叶片发黄，或者植株徒长延迟开花和落花落荚，前期肥水应以控为主。抽蔓期，茎叶大量发生，根瘤菌尚未大量形成，可结合中耕培土追施1次粪水，每667平方米施1 000千克，促使蔓叶生长和花芽分化。现蕾至初花期，植株进入营养生长和生殖生长并进阶段，需要大量肥水，每667平方米施硫酸铵10千克或人粪尿1 500千克。开花结荚后，植株营养消耗大，应保证肥水的供应，保持土壤湿润。但此时大量根瘤已形成，固氮能力增强，应少施氮肥，每667平方米施三元复合肥30千克，过磷酸钙10千克，硫酸钾5千克。以后每采收2次追肥1次。喷施少量镁、铁、锌、铜肥可提高产量和改进品质。采收后期，如果植株不早衰，而气候条件适合其生长时，可适当再追肥1～2次，以促进翻花，延长采收期，增加产量。

四是植株调整。植株甩蔓时用尼龙绳吊蔓，株高1.5～1.7米时摘心，促发侧蔓（第一花序下不留侧蔓），侧蔓结荚后留2片叶摘心。在植株生长后期及时落蔓、盘蔓并打掉底部的老叶和病叶。因大棚内的菜豆易徒长,故需进行化学调控,具体方法是,当苗高为 30 厘米、50 厘米、70 厘米时,分别喷施 100 毫克/千克助壮素和 0.2％磷酸二氢钾溶液、200 毫克/千克助壮素和 0.2％尿素溶液、200 毫克/千克助壮素和0.2％磷酸二氢钾溶液。还可在开花期叶面喷施 10 毫克/千克萘乙酸及 0.08％硼酸溶液,以提高坐荚率。

五是病虫害防治。病虫害的种类和防治方法参阅本书第 30 问。

# 四、菜豆病虫害防治

### 34. 怎样防治菜豆枯萎病?

【症　状】　菜豆枯萎病是菜豆的主要病害之一。发病初期不明显,仅表现植株矮小,生长势弱,到开花结荚才显出症状。开始植株下部叶片变黄,叶缘枯萎,但不脱落。若拔出植株解剖后系统观察,可见茎下部及主根上部有黑褐色伤口状稍凹陷。维管束变为暗褐色,中间脊髓枯竭并发白。当维管束全部变褐时,植株死亡。

【病原物】　病原菌菌丝白色,棉絮状。小型分生孢子无色,卵形。大型分生孢子无色,镰刀形。厚垣孢子无色或黄褐色,球形。单胞生或串生。

病原菌主要以菌丝、厚垣孢子和菌核在病残株、土壤和带病的肥料中越冬,翌年初成为侵染源。病原菌主要通过根部伤口或根毛顶端细胞侵入,先在薄壁组织内生长,后进入维管束,在导管内发育,随水分输送,迅速扩展到植株顶端。由于病原菌繁殖堵塞了导管,引起植株萎蔫。病株的病部表面及内部均有大量孢子,多靠水流进行短距离传播,扩大危害。

【发生条件】　该病发生与温、湿度有密切关系,发病的最适宜温度是 24℃～28℃,相对湿度在 80%。低洼地势,平畦种植,大水漫灌,肥力不足,管理粗放是诱发此病的主要因素。特别是在棚室栽培,减少了病原菌越冬的困难,发病更为突出。

【防治措施】　①选择抗病优良品种。②实行轮作倒茬,避免连作。③采用营养钵护根育苗,减少侵染机会。④土壤消毒。每 667 平方米可用 50%多菌灵悬浮液 2.5 升对水 250 升,均匀灌下,待土壤水渗完后播种或定植。

### 35. 怎样防治菜豆灰霉病?

【症　状】　灰霉病在温室、大棚等保护地栽培菜豆时危害严重。首先从根茎向上 15 厘米左右处开始出现云纹斑,周围深褐色,斑中部淡棕色至浅黄色,干燥时病斑表皮破裂呈纤维状,潮湿时病斑上生一层灰毛霉层。从蔓茎分枝处发病也较多见,使分枝处形成小溃斑、凹陷,继而萎蔫。苗期子叶受害时,水渍状变软下垂,最后子叶边缘出现清晰的白灰霉层,即病原菌的分生孢子梗及分生孢子。结荚期,在菜豆谢花时,如湿度大侵染萎蔫的花冠,将造成落荚。侵染叶片时,出现水渍状 1～2 厘米不规则形暗褐色大斑块。

【病原物】　病原菌与番茄、黄瓜病原菌相同,分生孢子聚生,无色单胞,两端差异大,状如水滴。孢子梗浅棕色,多隔膜。

【发生条件】　在适宜温、湿度条件下,病原菌产生大量菌核。菌核有较强的抗逆能力,在田间存活很长时间,一旦再遇到适合的温、湿度条件,即长出菌丝或孢子梗,直接侵染植株,传播危害。此菌随病株残体、水流、气流以及农具、衣物传播,腐烂的病果、病叶、病卷须,败落的病花落在健康部位即可引起发病。

菌丝在 4℃～32℃下均可生长,最适温度 13℃～21℃,病菌产生孢子的温度范围较广,1℃～28℃均可产生孢子,最适宜温度为 21℃～23℃。空气相对湿度若为 90%以上,孢子飞散,传播病害。孢子发芽温度为 5℃～30℃,最适宜温度为 13℃～29℃。孢子萌发需较高的空气相对湿度,空气相对湿度低于 90％时,孢子不萌发。病菌侵染一般先削弱寄主病部抵抗力,随后引起腐烂发霉。在日光温室或大、中棚生产,只要具备空气相对湿度高和 20℃ 左右的气温,灰霉病极易流行。

【防治措施】 由于灰霉病侵染速度快,潜育期较长,病菌又易产生抗药性,较难防治。目前最好采用农业防治与化学防治相结合的综合防治措施。①加强棚室条件下环境调控,水肥要适时施用,加强通风排湿,温度要适宜,有利于控制病害的发生和扩展。②及时摘除病叶、病荚,带出棚外彻底销毁、深埋。③当出现零星病叶时,应开始喷药防治。常用药剂有 50％速可灵可湿性粉剂 1 000～1 500 倍液,或 50％扑海因可湿性粉剂 1 000～1 200 倍液,隔 5～7 天喷 1 次,连喷 2～3 次。据试验,喷粉效果比喷雾好,投资小,时效长。用 5‰万霉灵粉剂喷粉,每 667 平方米喷粉 1.5 千克,可控制发病。

### 36. 怎样防治菜豆菌核病?

【症　状】 该病主要发生在日光温室和大、中棚栽培的菜豆上。发病时,多从近地面茎基部或第一分枝处开始受害。初为水渍状,逐渐形成灰白色,皮层组织发干开裂呈纤维状。空气相对湿度大时,在茎的病组织中腔部分有黑色菌核。蔓生架菜豆从地表茎基部发病,可以使整株萎蔫死亡。

【病原物】 菌核球形或豆瓣形,直径 1～10 毫米不等,可生子囊盘 1～20 个。病菌在病残体、堆肥和种子上以菌核越冬,不产生分生孢子。子囊成熟后,遇到空气湿度变化,即将囊中孢子射出,随气流传播。菌核有时会直接产生菌丝。病株上生长的菌丝有较强的侵染力,成为再侵染源而扩大传播。菌丝的发展使被害部位腐烂。菜豆菌核病在温室、大棚内没有越冬过程,传播、侵染机会更多,是多发、重发病之一。

【发生条件】 菜豆菌核病多在比较冷凉潮湿的条件下发生,适温 5℃～20℃,最适温度 15℃。子囊萌发的温度范围更广,0℃～30℃均可萌发,而以 5℃～10℃ 为最适宜。菌丝生长温度为 0℃～30℃,但在 20℃ 下生长最快。菌核生长要求温度和菌丝一致,但菌核在 50℃ 条件下,5 分钟即死亡。

菜豆菌核病菌对湿度要求比较严格,在潮湿的土壤中,能存活 3 年以上,但菌核不萌发,萌发时要求一定的水分、冷凉的气候条件。在菜豆植株上发病时,要求空气相对湿度为 100%,持续时间 16～24 小时,否则不能侵染。棚室栽培菜豆,在低温、阴雨、通风量小、植株柔嫩的情况下,极易发生菌核病。

【防治措施】 ①选留无病种株。种子处理消毒,用 55℃ 温水烫种 15 分钟,杀死种皮的菌核。②轮作、深耕与土壤处理。收获后深翻,把残留田间的菌核翻至 10 厘米以下。用敌克松普施做土壤处理,每 667 平方米用量 1.5 千克。③及时清除田间杂草、烂叶、老叶和病株。④铺盖地膜,合理施肥,利用地膜阻挡土壤中子囊盘出土。避免偏施氮肥,增施磷、钾肥。⑤药物防治。用 40%菌核净可湿性粉剂 1 500～2 000 倍液,或 50%甲基托布津可湿性粉剂 500 倍液,或 25%多菌灵可湿性粉剂 400～500 倍液喷雾,一般在发病初期结合清除病残株体喷洒农药,每 10～12 天喷 1 次,连喷 3～4 次。

## 37. 怎样防治菜豆根腐病?

【症　状】 该病主要危害根部和地下茎基部。开始产生水渍状红褐色斑,后来变为暗褐色或黑褐色,稍凹陷,后期病部有时开裂,或呈糟朽状,主根被害腐烂或坏死,侧根稀少,植株矮化,容易拔出。剖视根茎部可见维管束变褐色或黑褐色,但不向地上部发展,以此典型症状区别于枯萎病。病害严重时,主根全部腐烂,茎叶枯死。潮湿时,茎基部常生粉红色霉状物。

【发生规律】 由半知菌亚门、镰孢菌属的腐皮镰孢菌侵染。以菌丝体和厚垣孢子在病残体、厩肥和土壤中越冬。靠病土、带菌肥料、农具、雨水和灌溉水等传播。从根部或地下茎基部伤口侵入。发病适温 24℃,空气相对湿度为 80% 以上。高温多雨、菜田积水、湿度大时发病重。如果地下害虫多,密度大,成虫伤口多,有利于病菌侵入。施带病残体有机肥,早播,病地连作,低洼地,浇水多,发病重。

【防治措施】 ①苗床处理。用新苗床或用大田土或草炭土育苗。每平方米用 8 克 50% 多菌灵可湿性粉剂,或 50% 苯菌灵可湿性粉剂,或 75% 敌克松可湿性粉剂消毒苗床。②大田消毒。播种(直播)前或定植前,每 667 平方米用 22 千克 50% 多菌灵可湿性粉剂,或 75% 敌克松可湿性粉剂,或 60% 防毒宝可湿性粉剂,或每 667 平方米用 50% 苯菌灵可湿性粉剂 21.5 千克加细土 50 千克拌匀后施入播种沟或定植穴内,再撒一层薄薄的细土,然后播种或定植豆苗。③栽培管理。与十字花科、百合科蔬菜轮作 3～5 年,高畦或半高畦栽培,疏沟培土。浇水不宜过多,防止大水漫灌。施腐熟有机肥,增施磷、钾肥,加强松土除草。及时把病秧带出田外深埋或烧毁,并在病株栽植穴及其四周撒布生石灰进行消毒。④药剂防治。病害刚发生时,选用 70% 甲基托布津可湿性粉剂 1 000 倍液,或 75% 百菌清可湿性粉剂 600 倍液喷雾,重点喷茎基部,每 7～10 天喷 1 次,共喷 2～3 次。也可用上述药剂,或 12.5% 治萎灵水剂 200～300 倍液,或 60% 防霉宝可湿性粉剂 500～600 倍液，或 50％多菌灵可湿性粉剂 500 倍液，或70％敌克松可湿性粉剂 800～1 000 倍液，或根腐灵 300 倍液灌根，每株(穴)灌 250 毫升，10 天后再灌 1 次。

### 38. 怎样防治菜豆炭疽病？

【症　状】　叶片上病斑多循叶脉与叶柄发展，初生暗褐色多角形小斑，叶脉由褐色变黑色。茎上病斑稍凹陷、龟裂。豆荚上生褐色凹陷斑，潮湿时病斑上产生粉红色黏质物。

【病原物】　豆小丛壳，属于子囊菌亚门真菌，无性态为菜豆炭疽菌。分生孢子盘黑色，埋于表皮下，后突破表皮外露，圆形或近圆形。盘上散生黑色刺状刚毛。分生孢子梗短小，密集在分生孢子盘上。分生孢子圆形或卵圆形，单胞，无色，两端较圆，或一端稍狭。孢子内含 1～2 个近透明的油滴。病菌生长发育适温为 21℃～23℃，最高 30℃，最低 6℃，分生孢子 45℃经 10 分钟致死。

【发病因素】　主要以菌丝在受害种子上越冬，也能随病残体在土表越冬。

【防治措施】　①选用无病种子。②发病初期喷洒 0.5％等量式波尔多液，或 50％甲基托布津 500 倍液。

### 39. 菜豆细菌性病害主要有哪些？怎样防治？

#### (1) 菜豆细菌性疫病

【症　状】　菜豆疫病属细菌性病害，主要危害叶片，茎蔓、豆荚和种子都可受到侵染。叶片染病从叶尖或叶缘开始，又称缘枯病。初呈暗绿色、油渍状小斑点，扩大后呈不规则形，病变部位变褐而干枯、薄而半透明状，周围出现黄色晕圈，并溢出淡黄色菌脓，干燥后呈白色或黄色菌膜。病重时叶上病斑相连,皱缩脱落。茎部发病时,病斑呈红褐色溃疡状条斑,中央凹陷,当病斑围茎一周时,便萎蔫死亡。病斑在豆荚上表现为圆形或不规则形,红褐色,最后变为褐色,中央稍凹陷,有淡黄色菌脓,严重时全荚皱缩。种子受害时种皮也出现皱缩。

【病原与发病条件】 病原细菌的菌体均系短杆状。病原细菌随病残体遗落在田间,或潜藏在种子内部越冬,成为侵染源。在棚室栽培条件下,越冬更为有利。种子发芽时,病原细菌侵入子叶或茎部,产生或不产生菌脓,病菌可沿输导管向全株扩展,致使寄主矮缩或枯萎。菌脓借风雨或昆虫传播。经气孔、水孔或伤口侵入,引起茎、叶发病。气温为 24℃～32℃叶面有水滴是该病发生的重要温、湿条件。露地一般在多雨、多雾、露珠重的条件下发病重。在棚室条件下,栽培管理不当,大水漫灌或肥水不足,偏施氮肥,植株徒长或密度过大,均易诱发此病。

## (2)菜豆细菌性晕疫病

【症 状】 主要侵害叶片,最初在上部叶片或新生叶上出现不规则水渍状斑点,以后在斑周围出现直径为 0.5～1 厘米的晕圈,斑上常有菌脓溢出;叶脉染病致叶脉坏死,叶片易穿孔或皱缩畸形;果荚染病初现水渍状斑点,后变褐干缩下陷,斑面渗出菌脓。或病斑中央枯死点小,但周围晕圈宽,以此区别于细菌性疫病。

【传播途径与发病条件】 主要通过种子传播。据报道,种子带菌率为 0.02％就可造成该病流行。生长期内该病主要通过气孔或机械伤口侵入,有时能造成系统侵染。除菜豆外,还可侵染大豆等豆科植物。冷凉、潮湿地区易发病。在16℃～20℃ 的温度下,潜育期 2～3 天,且症状典型。在

28℃～32℃高温条件下,潜育期长达 6～10 天,病状轻微,晕圈消失,但寄主内病原菌数量较多。

**(3)菜豆细菌叶斑病** 又称细菌性褐斑病。

【症 状】 主要危害叶片和豆荚。叶片染病初在叶面上生红棕色不规则或环形小病斑,叶斑边缘明显,叶背面的叶脉颜色变暗,叶斑扩展后病斑中心变成灰色且容易脱落呈穿孔状。豆荚染病症状与叶片相似,但荚上的斑较叶斑小些。

【传播途径与发病条件】 病菌可在种子及病残体上越冬,借风雨、灌溉水传播蔓延。病菌发育适温为 25℃～27℃,48℃～49℃经 10 分钟致死。苗期至结荚期阴雨或降雨天气多,雨后常见此病发生和蔓延。

【防治措施】

一是选用抗病品种并进行播前处理。这是防治菜豆细菌叶斑病的主要措施。实践证明,高产早熟的品种抗病性差。目前推广使用的抗病品种有秋抗 19 号、春丰 4 号、老来少等。播种前可用 72%农用链霉素 600 倍液或 1%新植霉素 1 000 倍液浸种 12 小时进行种子处理。

二是实行轮作制。菜豆细菌性疫病的病原物在土壤中只能存活 1～2 年,因此实行隔年轮作防病效果也比较显著。实行轮作制是经济有效的防病措施。

三是改变种植模式。①改使用普通农膜为无滴膜。②改平畦种植为双高垄地膜的方式,双高垄宽 90 厘米、高 10 厘米,使用幅宽 1.2 米的地膜覆盖。③改种子直播为育苗移栽,剔除病株、徒长株、老化苗;育苗时要采用纸钵作为护根措施,苗龄 25～30 天。④增施基肥,基肥要施用充分腐熟的优质有机肥,每 667 平方米施用 5 000～6 000 千克,其中 2/3 撒施,1/3 集中施。用酵素菌或根瘤菌肥做种肥,每 667 平方米用量为 1 千克。追肥时要注意增施钾肥和磷肥,避免偏施氮肥。一般在第二次追肥时每 667 平方米施用三元复合肥 20 千克,以后氮肥和三元复合肥交替使用。

四是加强棚内管理。①温度。由于菜豆细菌性疫病在 24℃～32℃且高湿的条件下容易发生,而温度过高或过低时发病受到抑制,因此在此病流行季节,温度管理上要求适当低些,以 22℃～25℃为宜。早晨揭盖草苫时不宜过早,一般在见到直射光后才可揭去草苫,这样可以迅速提升棚内温度,降低棚内湿度,达到防病的目的。②湿度。在保护地菜豆浇水措施上,早春季节宜少浇水、浇浅水,以利于壮秧。浇水时宜浇在地膜下。棚室内的气体、湿度管理上,还要注意及时排湿、换气。③施二氧化碳肥。在保护地内增施二氧化碳,不但可以明显地减轻病害的发生,而且具有防止落花落荚的作用。寿光市常用的二氧化碳施肥方法是将 1∶3 的稀硫酸装入塑料容器中,然后向内投放碳酸氢铵。二氧化碳施肥浓度为 1 000 毫升/立方米,每次投放的碳酸氢铵的量可以根据棚室的大小进行计算。一般每 667 平方米每次使用量为 3～4 千克。

五是药剂防治。在发病季节或植株发病初期,使用 72% 的硫酸链霉素可湿性粉剂 3 000～4 000 倍液进行喷雾,或使用 60% 新植霉素 4 000 倍液喷洒,也可使用 41% 特效杀菌王 2 000～2 500 倍液或农用氯霉素 3 000 倍液进行喷雾防治。

**40. 怎样识别和防治菜豆花叶病?**

【症　状】　田间表现为系统花叶或在感病的菜豆品种上形成明显的花叶或产生褪绿带和斑驳,形成矮化或叶扭曲。引起菜豆花叶病毒的种类很多,有时发生混合侵染而产生不同症状。

【病　　原】　番茄不孕病毒,属黄瓜花叶病毒组病毒,病毒粒体球状,直径 27～30 纳米。稀释限点 100～100 000 倍,致死温度 50℃～60℃,体外存活期 3～6 天。能侵染菜豆、豇豆、大豆、番茄、菊花和芹菜等,均可致病。各自表现不同症状。还可局部侵染番茄、黄瓜。

【传播途径和发病条件】　棉蚜和桃蚜进行非持久性传毒或口针带毒——即蚜虫在感染植株上取食不足 1 分钟,可传染到健株,且没有潜伏期。在田间菜豆花叶病可以经健株中存在的病株而自然传播,病毒也可能在室外菊花苗床、田间和草地杂草上越冬,再通过蚜虫传到寄主上。

【防治措施】　①选用抗病品种。②防治传毒蚜虫,喷洒 50%甲基马拉硫磷乳油 1 000 倍液或 50%抗蚜威可湿性粉剂 2 000～3 000 倍液。棉蚜对抗蚜威有抗性,也可选用黄皿或银灰膜等物理避蚜法。③加强田间管理,及时除草,以减少毒源。④发病初期喷洒 7.5%菌毒·吗啉胍(克毒灵)水剂 700 倍液,或 3.95%三氮唑核苷·铜锌(病毒必克)可湿性粉剂 700 倍液,或 0.5%菇类蛋白多糖水剂 300 倍液,或 20%吗啉胍·乙铜(毒克星)可湿性粉剂 500 倍液,或 20%病毒宁水溶性粉剂 500 倍液,视病情喷洒 1～2 次。

## 41. 怎样识别和防治豆荚螟?

【分布与为害】　豆荚螟普遍发生,寄主有 60 余种植物。为害菜豆、豇豆、扁豆(眉豆)等较重。以幼虫吃食花、荚和豆粒,严重时整个豆粒被吃空。

【症状识别】　成虫体长 10～12 毫米,翅展 20～24 毫米,体灰褐色或暗黄褐色。前翅狭长,沿前缘有 1 条白色纵带,近翅基有 1 条黄褐色宽横带。后翅黄白色。卵为椭圆形,乳白色至红色,表面密布网纹。幼虫体长 14~18 毫米,背面紫红色,腹面绿色。前胸背板上有"人"字形黑斑,其两侧各有 1 个黑斑,后缘中央有 2 个小黑斑。蛹长约 10 毫米,腹端尖细,并有 6 个细钩。

【生活习性】 1 年发生 4~6 代,均以老熟幼虫在菜豆棚室中越冬。一般以第二代为害春菜豆最重。成虫昼伏夜出,趋光性弱,飞翔力也不强。每头雌蛾可产卵 80~90 粒,卵主要产在豆荚上,2~3 龄幼虫有转荚为害的习性,幼虫老熟后离荚入土结茧化蛹。

【防治措施】 ①消灭越冬虫源,及时翻耕整地或除草松土,可大量杀死越冬幼虫和蛹。有条件的地区,还可采用冬、春灌水,效果亦很好。②选栽早熟丰产、结荚期短的品种,实行轮作。③药剂防治。可用 90%敌百虫 800~1 000 倍液在成虫盛发期和卵盛孵期喷药 1~2 次。④在成虫产卵盛期释放赤眼蜂灭卵,效果也很好。

### 42. 怎样对保护地菜豆病虫害进行全程控制?

菜豆具有持续采摘的特点,而保护地栽培又易发生多种病虫害,要处理好持续采摘与病虫害防治间的矛盾,就必须因地制宜,运用综合治理措施,对病虫害全程控制,以达到无公害治理的目的。

**(1)播种期综合治理多种病虫害**

一是采用农业措施。①选用抗病品种。抗菜豆锈病的有九粒白、芸丰 1 号等。抗炭疽病的有早熟 14 号菜豆、芸丰 623、老来少等。抗枯萎病的有丰收 1 号、春丰 2 号等。②实行轮作,加强栽培管理。对枯萎病、根腐病、炭疽病重病地块要与非豆科作物实行 3~4 年轮作。前茬收获后及时清除病株残体并集中烧毁。采用高垄栽培防止田间积水,减少叶面结露。

二是药剂控制。①种子消毒。防治炭疽病、枯萎病,可用相当于种子重量 0.5% 的 50% 多菌灵可湿性粉剂拌种,或用 40% 多硫悬浮剂 50 倍液浸种 2~3 小时,或用 40% 甲醛 300 倍液浸种 4 小时再用清水冲洗干净后播种。②处理土壤。每 667 平方米用 50% 多菌灵可湿性粉剂 1.5 千克加细土 30 千克混匀,深翻土地撒施,可预防多种真菌病害。发生根结线虫病的地块,每 667 平方米可用 10% 福气多颗粒剂 1~2 千克穴施。

**(2)幼苗期主要控制地下害虫和根腐病等**

一是采用农业措施。①起垄栽培降低湿度。②适当控制浇水,及时排出田间积水。③发现病株立即拔除,带出田外销毁。

二是药剂控制。①防治地下害虫,可用 90% 晶体敌百虫 1 000 倍液灌根,或用麦麸 5 份或秕谷 5 份煮至五成熟晾至半干加入 90% 晶体敌百虫 0.15 份对水 30 倍拌匀,撒于畦内,每 667 平方米用毒饵 2.5 千克。②发生根腐病的地块,于发病初期用 70% 甲基托布津可湿性粉剂或 50% 多菌灵可湿性粉剂 500 倍液灌根,每穴灌 250~300 毫升药液,也可以用 23% 络氨铜水剂或 40% 多硫悬浮剂加 77% 可杀得可湿性粉剂等量混合 300~500 倍液灌根,每穴 400 毫升,兼治枯萎病。

**(3)甩蔓至收获期** 主要防治美洲斑潜蝇、白粉虱、叶螨等虫害,锈病、细菌性疫病、灰霉病、枯萎病、炭疽病等病害。

一是农业防治。①保护地注意控制温、湿度,降温排湿,抑制病害发生,一般白天温度保持在 25℃～30℃,夜间不低于 15℃。②注意排水,防止积水。③及时摘除失去功能的老叶、病叶、虫害叶,清除的病残体要运出棚室外深埋。

二是药剂控制。①用1％灭虫灵乳油4 000～5 000倍液喷雾,防治美洲斑潜蝇、叶螨、蚜虫等。用72％农用链霉素可溶性粉剂或新植霉素粉剂3 000～4 000倍液喷雾,防治细菌疫病。用1％武夷菌素水剂150～200倍液喷雾,防治菜豆灰霉病。②白粉虱发生时,可用20％扑虱灵可湿性粉剂1 000倍液,或73％克螨特可湿性粉剂1 000～1 500倍液,或万灵2 000～3 000倍液喷雾,可兼治蚜虫。③锈病发生时,于发病初期,喷洒40％福星乳油8 000倍液,或25％三唑酮可湿性粉剂1 000倍液,或50％多硫悬浮剂300倍液,或10％世高水分散粒剂1 000～1 500倍液喷雾,视病情每10～15天喷1次,连喷2～3次,可兼治白粉病。④细菌性疫病发病初期,用30％琥胶肥酸铜悬浮剂500倍液,或77％可杀得可湿性粉剂600倍液喷雾。⑤菜豆灰霉病发生初期,喷施50％万霉灵可湿性粉剂600倍液,或50％速克灵可湿性粉剂1 000倍液,或65％甲霉灵可湿性粉剂800倍液,或28％灰霉克可湿性粉剂600倍液,或50％扑海因可湿性粉剂1 000倍液喷雾防治。阴天时可施用6.5％万霉灵粉尘剂,每667平方米施1千克,兼治菌核病、白绢病。也可用10％腐霉利烟剂熏烟,每667平方米用300克。⑥炭疽病发生时,可用50％施保功1 500倍液,或68.75％易保水分散粒剂1 000～1 500倍液,或50％喷克可湿性粉剂500倍液,或80％炭疽福美可湿性粉剂500倍液,或70％甲基托布津可湿性粉剂800倍液喷雾防治。棚室内每667平方米优先采用5％百菌清粉尘剂1千克,或45％百菌清烟剂200～250克,视病情发展每隔7～10天喷1次,连续2～3次。

# 五、菜豆生理障碍防治

## 43. 菜豆落花落荚的原因是什么？如何防止？

菜豆分化的花芽数很多，开花数也较多。蔓生品种比矮生品种菜豆分化的花芽数更多。据观察，蔓生菜豆每株能发生花序 10～20 个，每个花序有花 4～10 朵，但其结荚率仅占开花数的 20%～35%。由此可见，只要能减少落花、落荚数，提高菜豆的结荚率，菜豆的增产潜力是相当大的。

**(1) 菜豆落花落荚的原因**　①植株营养分配不当。落花落荚从根本上说是植株对环境的一种适应性反应，品种之间有一定差异。即便是同一个品种，个体之间也会有差异。在稀植条件下，菜豆植株基部的花序开花、结荚比中部的花序多，而中部的花序开花、结荚又比上部的花序多；在密植条件下，情况正好相反，上部花序开花、结荚数多于中下部的花序。花序之间也有相互制约的倾向，如前一花序结荚多，则后一花序结荚往往减少。就每个花序来说，基部 1～4 朵花的结荚率较高，其余花多数脱落，即使结荚，最后也不免会脱落。蔓生菜豆的落花落荚在不同生育期的原因有所不同。一般说，初期落花多是由于随着植株发育而引起的养分供应不均衡所致，中期落花多是由于花与花之间争夺养分而引起，而后期落花则常是由于营养不良与环境条件不良造成的。②温度。菜豆在花芽分化期和开花期遇到 10℃ 以下低温和 30℃ 以上高温，都会使花芽发育不全，增加不孕花，降低或丧失花粉生活力，影响花粉发芽和花粉管在雌蕊上的伸长速度，使雌蕊不能受精而落花落荚。③空气湿度和土壤水分。菜豆开花期对空气湿度较为敏感,湿度过低过高均不利于授粉受精,菜豆花粉萌发和花粉管伸长的最适宜的综合条件为:温度 20℃～25℃,湿度 94％～100％,蔗糖浓度 14％。土壤湿度低时,植株开花结荚数减少;而土壤湿度大时,植株的开花数多,但由于花朵之间对养分的竞争而使结荚率降低。土壤干旱和空气过度干燥,也会使花粉畸形和失去生活力。此外,土壤水分过多能引起菜豆根部缺氧,使地上茎基部的叶片黄化脱落而引起落花落荚。④光照。菜豆的光饱和点是 2 万～5 万勒克斯,当光照时数减少、日照强度减弱时,植株的光合强度降低,植株发育受阻,致使落花落荚增加。保护地栽培条件下,光照较露地弱,因此应选用透光率高的塑料薄膜,并经常清洁棚膜。⑤土壤营养。一般来说,菜豆花芽分化以后,增加氮素供应能促进植株的生长,增加花数和结荚数;但是如果氮素供应过多同时水分也供应充足时,便容易导致茎、叶徒长,最后招致落花、落荚;如果供应的营养物质不能满足茎叶生长和开花、结荚的需要,也会造成植株各部分争夺养分的现象,从而引起落花落荚。另外,土壤缺磷,常会使菜豆发育不良,使开花数和结荚数减少。⑥其他不良环境因素。如选地不当,种植过密,吊架、施肥、灌水及防治病虫害等措施不当,均会引起菜豆落花落荚。

**(2)防止落花落荚的方法**　①选用良种。选用适应性广、抗逆性强、坐荚率高的丰产优质菜豆品种。②适期播种,培育壮苗。无论是保护地春提前或秋延后栽培,只有掌握好适期播种才能充分利用最有利于菜豆开花结荚的生长季节,使植株生长健壮并增强适应性,从而减少落花落荚。③加强田间管理。适当合理密植,应用排架、吊绳或人字架等架型,为菜豆生长创造一个良好的通风透光环境,促使植株生长健壮而正常开花结荚。定植缓苗后和开花期,以中耕保墒为主,促进根系健壮生长。植株坐荚前要少施肥,结荚期要重施肥,施肥应掌握不偏施氮肥,注意增施磷、钾肥。浇水,应掌握使畦土不过湿或过干。及时防治病虫害,使植株生长健壮,能正常地开花结荚。此外,还应及时采收嫩荚,以提高营养物质的利用率和坐荚率。④植物生长调节剂的应用。为防止菜豆落花落荚,可对正在开花的花序喷施5～25毫克/千克萘乙酸溶液或2毫克/千克防落素溶液。

综上所述,菜豆出现一定的落花数是正常的,只要采用各种栽培技术措施,保持一定的坐荚率,就可以增产增收。

## 44. 日光温室菜豆高秧低产的原因是什么? 如何防止?

(1)**影响菜豆产量的具体原因** ①温度不适。菜豆性喜温暖,栽培适温为20℃～25℃,10℃以下生长受阻。15℃以下的低温易产生不完全花,30℃以上的高温、干旱易产生落花落荚现象。昼夜高温,植株徒长,几乎不能开花结果。②光照不足。光照不足不仅植株有徒长的趋势,同时分枝数、叶片数、主侧枝节数都会减少。菜豆要求较高的光照强度,生长期内光照充足,能增加花芽分化数。③水分过大。菜豆喜湿润,但不耐渍,植株生长适宜的土壤湿度为田间最大持水量的60％～70％,空气相对湿度以55％～65％为宜。空气湿度大,作物光照不足,易徒长、感病,也引起落花落荚。④施肥不及时,缺乏磷、钾肥。菜豆对土壤营养要求不严,但在根瘤菌还未发挥固氮作用以前的幼苗期,应适当施用氮肥,此时若施肥不及时会影响植株生长。结荚后应适当补充磷、钾肥,否则会影响植株发育,降低产量和品质。⑤气体的影响。一是土壤板结,透气性差,缺少氧气,影响根系的发育和根瘤的形成。

二是温室密闭环境往往使二氧化碳不足，影响光合产物的形成。

**（2）解决菜豆高秧低产的措施**

一要通过栽培措施满足菜豆不同生育期时对温度的要求。①采用高畦地膜覆盖栽种，畦高 15 厘米，畦面呈龟背状，同时铺设地膜，以利于提高地温，利于根瘤菌的良好生长和根系发育。②幼苗期采取多层覆盖。使棚温保持 18℃～20℃，开花结荚期保持 18℃～25℃，以后随着外界温度提高，应加强通风降温，使室内温度不能高于 30℃。

二要保证足够的光照条件。①合理稀植。行距 80 厘米，株距 20 厘米，交错点播在高垄上，改善光照条件。②清洁无滴膜。采用新的聚氯乙烯无滴膜，并及时清扫膜上灰尘，增加透光率。每天尽量早揭晚盖草苫，延长光照时间③及时摘除老叶、黄叶，改善通风透光条件。

三要降低棚内湿度。①铺设地膜，膜下浇水，将空气相对湿度控制在 55%～65%，可有效地防止病害发生，且秧苗生长健壮。②严把浇水关。菜豆在开花结荚前的营养生长期对水分的反应很敏感，第一花序开花期一般不浇水，防止枝叶徒长造成落花。尤其蔓生品种过早灌水，会造成根系浅，茎叶生长旺盛，花序发育不良，易形成大量落花，因此开花结荚前不要浇水。豆荚开始膨大、伸长时，应结束蹲苗期，供给充足的肥水，但要求土壤不可积水，也不能干旱，否则均会造成落花落荚。具体应把握以下几点：苗期保持土壤湿润，见干见湿；初花期适当控水；结荚期在不积水的情况下勤浇水，每次采摘后都要重浇水（膜下浇水）。

四要适时追肥。①菜豆在播种后 12～15 天应及早追施氮肥。坐荚后第二次追肥，每 667 平方米追施尿素 20 千克，钾肥 10 千克,或 50%人、畜粪尿 2 500～5 000 千克。一般蔓生种较矮生种需肥量大。②每采收 1～2 次追肥 1 次,最好化肥与人粪尿交替施用。

五要调节温室内气体条件。①注意排水降涝,改善土壤中氧气状况。②在保证适宜的温度、水分等条件下,适时通风换气,增加棚内二氧化碳含量或进行二氧化碳施肥。

### 45. 如何识别与防治菜豆缺素症?

**(1)缺 氮 症**

【主要症状】 植株生长弱,叶片薄、瘦小,叶色淡,下部叶黄化,容易脱落。豆荚不饱满、弯曲。

【发生原因】 ①在日光温室条件下,菜豆很少出现缺氮症。有时在沙质土壤上新建日光温室时,由于土壤供氮不足或施肥量少时可能出现缺氮症。②种植前施入过量未腐熟的作物秸秆或有机肥,造成碳素较多,其分解时夺取土壤中的氮素,导致缺氮症。

【诊断要点】 ①观察植株叶片从心叶还是从下部叶开始黄化,如从下部叶开始黄化,则是缺氮。②种植前施用未腐熟的作物秸秆或有机肥,短时间内会引起缺氮。

【防治措施】 施用新鲜有机物(作物秸秆或有机肥)做基肥时,要增施氮素或施用完全腐熟的堆肥。对缺氮症的应急措施是,及时追施氮肥,每 667 平方米可施尿素 5 千克左右,或用 1%～2%尿素溶液喷洒叶面,每隔 7 天左右喷 1 次,共喷 2～3 次。

**(2)缺 磷 症**

【主要症状】 植株早期叶色深绿,以后从下部叶变黄,整株生长差。

【发生原因】 ①堆肥施量小或磷肥用量少易发生缺磷症。②早春或越冬栽培菜豆发生缺磷,多为地温低所致。③土壤水分过多时,导致地温低,使磷的吸收受阻。④土壤呈酸性时,容易缺磷。

【诊断要点】 是否缺磷,应根据不同的生育阶段和不同季节低温温度及土壤酸碱反应进行判断。

【防治措施】 ①土壤缺磷时,增施磷肥。②施用足够的堆肥等有机质肥料。③应及时追施磷肥,每 667 平方米可施过磷酸钙 12~20 千克,或用 2％~4％过磷酸钙溶液喷洒叶面,每隔 7 天左右喷 1 次,共喷 2~3 次。

**(3) 缺 钾 症**

【主要症状】 下部叶易向外卷,叶脉间变黄。上部叶表现为淡绿色。

【发生原因】 土壤中含钾量低,施用堆肥等有机质肥料和钾肥少,易出现缺钾症;地温低,日照不足,过湿,施铵态氮肥过多等条件均阻碍对钾的吸收。

【防治措施】 ①施用足够的钾肥。②每 667 平方米可施硫酸钾 10~15 千克,或用 0.1％~0.2％磷酸二氢钾溶液喷洒叶面,每隔 7 天左右喷 1 次,共喷 2~3 次。

**(4) 缺 钙 症**

【主要症状】 上部叶的叶脉间淡绿色或黄色,中下部叶下垂,呈降落伞状,幼荚生长受阻。植株顶端发黑甚至死亡。

【发生原因】 ①土壤盐基含量低,酸化,土壤钙不足,尤其是沙性较大的土壤易发生。②虽然土壤中钙多,但土壤盐类浓度高时也会发生缺钙的生理障害。③施用铵态氮肥过多时也容易发生。④土壤干燥,空气湿度低,连续高温时易出现缺钙症状。⑤当施用钾肥过多时,会出现缺钙情况。

【防治措施】 ①多施有机肥,使钙处于容易被吸收的状态。②土壤缺钙,就要充足供应钙肥。如普通过磷酸钙、重过磷酸钙、钙镁磷肥和钢渣磷肥既是磷肥,又是含钙的肥料。③实行深耕,多灌水。④应及时对叶面喷洒 0.1%～0.3%氯化钙水溶液,每 5～7 天喷 1 次,共喷 2～3 次。

**(5)缺镁症**

【主要症状】 叶脉间先出现斑点状黄化,继而扩展到全叶,叶脉仍保持绿色。缺镁严重时,叶片过早脱落。

【发生原因】 ①菜豆缺镁易发生的条件是低温,地温低影响了根系对镁的吸收,在地温低于 15℃时就会影响根系对镁的吸收。②土壤中镁含量虽然多,但由于施钾多影响了菜豆对镁的吸收时也易发生。③一次性大量施用铵态氮肥也容易造成菜豆缺镁。④当菜豆植株对镁的需要量大而根不能满足需要时也会发生。

【防治措施】 ①增高地温,在结荚盛期保持地温 15℃以上,多施用有机肥。②土壤中镁不足时,要补充镁肥。镁肥最好是与钾肥、磷肥混合施用。③应急时可喷洒 0.5%～1%硫酸镁溶液,每 5～7 天喷 1 次,共喷 2～3 次。

**(6)缺铁症**

【主要症状】 上部叶的叶脉残留绿色,叶脉呈网状,严重时全部新叶变鲜黄色。

【发生原因】 ①碱性土壤、磷肥施用过量,土壤中铜、锰过量,均易缺铁。②土壤过干、过湿、温度低,影响根的活力,易发生缺铁。③土壤通气不良或盐渍化,根系受损时影响吸收能力,也会使菜豆缺铁。

【防治措施】 ①增施铁肥。将硫酸亚铁与有机肥混合施用。既可条施,也可穴施。有机肥与硫酸亚铁混合比例以

10：1～20：1为宜,混合发酵1周即可施用。②尽量少用碱性肥料,防止土壤呈碱性。③注意土壤水分管理,防止土壤过干、过湿。④应急措施是,将易溶于水的无机铁肥或有机络合态铁肥配制成0.5％～1％溶液与1％尿素混合喷施。

**(7) 缺锰症**

【主要症状】 上部叶的叶脉残留绿色,叶脉间淡绿到黄色。

【发生原因】 ①碱性土壤容易缺锰,检测土壤酸碱性,出现症状的植株根际土壤呈碱性,有可能是缺锰。②土壤有机质含量低容易引起缺锰。③土壤盐类浓度过高。如肥料一次施用过量,土壤盐类浓度过高时,将影响锰的吸收。

【防治措施】 ①增施锰肥。每667平方米用硫酸锰或氧化锰1～2千克混入有机肥或酸性肥料中施用,可以减少土壤对锰的固定,提高锰肥效果。也可采用其他难溶性锰肥做基肥。②增施有机肥。③科学施用化肥,宜注意全面混合或分施,勿使肥料在土壤中浓度过高。④应急措施是,用0.01％～0.02％硫酸锰溶液喷洒叶面。

**(8) 缺锌症**

【主要症状】 幼叶逐渐发生褪绿病。褪绿病开始发生在叶脉间,逐步蔓延到整个叶片,但看不见明显的绿色叶脉。

【发生原因】 ①碱性土壤的pH较高,降低了锌的有效性,是缺锌的主要土壤类型。②土壤有机质含量很高,因为有机质的吸附也使锌的有效性降低。③过量施用磷肥的土壤易产生缺锌。④日光温室菜豆产量高,但连续几年未使用锌肥。

【防治措施】 ①防止土壤缺锌最常用的方法是施用硫酸锌,撒施、条施均可。撒施时要结合耕耙。播种或移栽前是土壤施锌的最佳时间。一般每667平方米施用1～1.5千克硫酸锌。②不要过量施用磷肥。③应急措施是,用硫酸锌0.1%~0.2%溶液喷洒叶面。

**(9) 缺 硼 症**

【主要症状】 菜豆生育变慢,幼叶变为淡绿色,叶畸形,发硬,易折断,节间缩短。茎尖分生组织死亡,不能开花。有时茎裂开。豆荚种子粒少,严重时无粒。侧根生长不良。

【发生原因】 ①缺硼一般发生在沙土和酸性土壤或碱性土壤上。②土壤干燥和低温也影响菜豆对硼素的吸收。③土壤中营养元素不平衡时常诱发菜豆缺硼。

【防治措施】 ①土壤缺硼要预先施用硼肥。为了防止施硼过多或施硼不均匀,可施用溶解度低的含硼肥料或硼、镁肥等,以减缓硼释放速度。一般硼在土壤中残效较小,需年年施。②要适时浇水,防止土壤干燥。③多施腐熟的有机肥,提高土壤肥力。④注意平衡施肥。⑤应急措施是,每 667 平方米用硼砂 0.3 千克或硼酸 0.2 千克与氮、磷、钾肥混合追施,或每 667 平方米用硼砂 150~200 克或硼酸 50~100 克对水 50~60 升做叶面喷施。一般在菜豆苗期、始果期各喷施 1 次。

**(10) 缺 钼 症**

【主要症状】 叶色淡黄,生长不良,表现出类似的缺氮症状,严重时中脉坏死,叶片变形。

【发生原因】 ①土壤有效钼的含量低。②酸性土壤有效态钼含量低,土壤 pH 为 8 时钼有效性高。③含硫肥料的过量施用也会导致缺钼。④土壤中的活性铁、锰含量高,也会与钼产生拮抗,导致土壤缺钼。

【防治措施】 ①改良土壤,防止土壤酸化。在酸性土壤上施用钼肥时,要与施用石灰、土壤酸碱度一起考虑,才能获得最好的效果。②应急措施是,每 667 平方米喷施 0.05%～0.1%钼酸铵溶液 50 升,分别在苗期与开花期各喷 1～2 次。叶面喷肥的具体时间应在无雨无风天的下午 16 时以后,把植株能功叶片喷洒均匀即可。常用的钼肥为钼酸铵与钼酸钠。钼酸铵含钼 50%～54%,为白色或浅黄色棱形结晶,易溶于钼酸钠;钼酸钠含钼 35%～39%,为白色棱状结晶,易溶于水,主要用于叶面喷肥。施用时先将钼肥用少量热水溶解,再用冷水稀释到所需要的浓度。

### 46. 如何防治菜豆氨气和亚硝酸气危害?

**(1) 氨气危害**

【主要症状】 受害叶片初期呈水渍状,以后逐渐褪为淡褐色。幼芽或生长点萎蔫,严重时叶缘焦枯,全株生理失水导致干缩而死。

【发生原因】 ①施用过量的尿素、碳酸氢铵、硫酸铵等氮素肥料。②施用没有充分腐熟的人粪尿、厩肥等有机肥料。③在棚内发酵饼肥或者鸡粪等肥料。④追肥时撒施肥料于地面。据测定,棚内氨气浓度达 5 毫克/立方米时,就出现危害症状。

【防治措施】 针对氨气致使蔬菜中毒的原因,主要应抓好如下几点:一是要施用充分腐熟的堆肥、厩肥和人粪尿,杜绝新鲜粪肥入棚;二是要注意不能过量施用氮肥,并要配施磷、钾肥;三是当出现危害时,可喷施 1∶800 倍的惠满丰活性液肥或纳米磁能液 2 500 倍液,能较快地解除毒害,恢复正常生长。

**(2) 亚硝酸气危害**

【主要症状】 多数从叶缘开始表现症状,在大叶脉间形成病斑,病斑黄白色,边缘颜色略深,病健部界限明显。发病速度较快时,叶片呈绿色枯焦状。因施肥过多引起亚硝酸气危害,多与肥害相伴发生。

【发生原因】 大量施用化肥或粪肥,在土壤由碱性变酸性情况下,硝酸化细菌活动受到抑制,致使亚硝态氮不能正常、及时转换成硝酸态氮而产生危害。

【防治措施】 施用充分腐熟的农家肥。施用化肥特别是施用尿素时,要少施勤施,施后及时浇水,加强通风。产生危害后应及时喷施叶面宝等叶面肥加以缓解。

## 47. 保护地土壤酸化的原因、危害及防治技术是什么?

(1) 土壤酸化的原因 ①保护地菜豆等蔬菜作物产量高,从土壤中移走了过多的碱基元素,如钙、镁、钾等,导致土壤中的钾和中微量元素消耗过度,使土壤向酸化方向发展。②施用大量生理酸性肥料,棚内温、湿度高,雨水淋溶作用少,随着栽培年限的增加,耕层土壤酸根积累严重,导致土壤酸化。③由于大棚等保护地复种指数高,肥料用量大,导致土壤有机质含量下降,缓冲能力降低,土壤酸化问题加重。④高浓度的三元复合肥的投入比例过大,而钙、镁等中微量元素投入相对不足,造成土壤养分失调,使土壤胶粒中的钙、镁等碱基元素很容易被氢离子置换。

(2) 土壤酸化的危害 ①酸性土壤孳生真菌,根际病害增加,且控制困难,尤其是菜豆的根腐病和炭疽病增多。②土壤结构被破坏,土壤板结,物理性变差,抗逆能力下降,菜豆抵御旱、涝自然灾害的能力减弱。③在酸性条件下,铝、锰的溶解度增大,有效性提高,对菜豆产生毒害作用。④在酸性条件下,土壤中的氢离子增多,对菜豆吸收其他阳离子产生拮抗作用。

**(3)防治措施** ①增施有机肥,不仅可增加大棚土壤有机质的含量,提高土壤对酸化的缓冲能力,使土壤 pH 值升高,而且,在保护地中有机物料分解利用率高,增加了土壤有效养分,改善了土壤结构,并能促进土壤有益微生物的发展,从而可抑制菜豆病害的发生。②配方施用化肥。提倡使用三元复合肥,特别注重钾以及中微量元素投入,大力推广有机、无机复合肥,使养分协调,抑制土壤的酸化倾向。③将生石灰施入土壤,可中和酸性,提高土壤 pH 值,直接改变土壤的酸化状况,并能为蔬菜补充大量的钙。具体施用方法是,将生石灰粉碎,使其能大部分通过 100 目筛,播种前将生石灰和有机肥分别撒施于田块,然后通过耕耙,使生石灰和有机肥与土壤尽可能混匀。施用量:pH 为 5～5.4 时,每 667 平方米施生石灰 130 千克;pH 为 5.5～5.9 时,施生石灰 65 千克;pH 为6～6.4 时,施生石灰 30 千克(均以调节 15 厘米酸性耕层土壤计)。

# 六、菜豆种植新模式

## 48. 什么是日光温室黄瓜—菜豆—西芹苗高效栽培 技术模式？

近年来,我国蔬菜生产蓬勃发展,特别是保护地蔬菜的栽培面积越来越大。但是,如何才能有效地提高蔬菜生产设施的利用率,提高经济效益,从而增加农民收入,是摆在农业科技工作者面前的课题。通过近几年的实践和总结,寿光市洛城绿色食品蔬菜基地总结出了一套日光温室秋冬茬黄瓜、冬春茬菜豆套作及夏秋茬西芹苗的高效栽培技术。

**(1)效益分析** 以 2004 年为例,秋冬茬黄瓜每 667 平方米产量为 7 000 千克,均价 1.5 元/千克,产值 10 500 元。冬春茬菜豆每 667 平方米产量为 4 000 千克,均价 3 元/千克,产值 12 000 元。西芹苗每 667 平方米产量 4 000 千克,均价 1 元/千克,产值 4 000 元。全年总产值为 26 500 元,扣除生产成本 5 000 元,纯收入 21 500 元。

**(2)种植模式** 秋冬茬黄瓜 9 月上旬育苗,10 月上旬定植,11 月中下旬到翌年 2 月下旬采收上市;冬春茬菜豆 1 月上旬播种,2 月上中旬定植,翌年 3 月下旬开始收获,到 6 月份拉秧。夏秋茬西芹苗 5 月下旬育苗,7 月上旬扦插,8 月下旬收获。

**(3)栽培技术**

一是秋冬茬黄瓜。①品种选择。应选用耐低温、丰产、抗病、品质优良的品种,如津优 3 号、津优 30 号、山东密刺等。②定植前的准备。黄瓜与菜豆套作栽培,必须有充足的农家肥做基肥。一般用10 000千克腐熟鸡粪,在9月份深翻于土壤中。定植前每667平方米用磷酸二铵30千克、硫酸钾30千克做基肥,撒于定植沟内。采用高畦覆膜栽培,膜下开沟(供灌水用,以降低棚内湿度),大行距90厘米,小行距50厘米,这样有利于菜豆套作。③嫁接育苗定植。寿光市一般9月上旬开始育黄瓜苗和黑子南瓜苗。苗床应用过筛炉灰渣或河沙,黄瓜苗应先播4~5天。当黑子南瓜苗两片子叶即将展开、黄瓜苗刚展开时,采用靠接法嫁接,接后按正常株行距25厘米×70厘米定植于温室,保温保湿,4天后不断通风炼苗,一般成活率为95%。④黄瓜断根前后的管理。在正常情况下,黄瓜嫁接苗15天(具3~4片叶时)就可以断根,否则不利于换苗。断根过晚易感染枯萎病。当出现不定根时应及时抹去,以保持嫁接苗的良好状态。此时应及时吊蔓,以免倒伏。在黄瓜长到3~6片叶时用增瓜灵喷洒,既防徒长又可降低第一雌花节位。初花期,增施二氧化碳,促进光合产物的生成,为高产创造有利条件。⑤黄瓜生长期的管理。黄瓜在始花前应控温控湿,昼温为20℃左右,夜温为14℃左右,湿度在75%以下,尽量不浇水,避免瓜秧徒长。当80%黄瓜植株开始开花结瓜时,浇头茬水,以后每隔1周浇1次水,随水追磷酸二铵或大粪水或尿素。此时棚内湿度大,应注意加大通风量,昼温控制在20℃~25℃,夜温控制在13℃~16℃。当瓜秧长满架后,应及时落蔓,打掉下部叶片,通风透光,以利于黄瓜高产。⑥病虫害防治。黄瓜结瓜前期一般不染病,尤其是嫁接苗极少染病。结瓜盛期易染霜霉病和角斑病,用杀毒矾800倍液,加黄连素和磷酸二氢钾500倍液,均匀喷布。结瓜后期易得白粉病,再加粉锈宁2 500倍液防治。每隔10天喷药1次。如果发生蚜虫或斑潜蝇,用敌敌畏烟雾剂熏蒸效果较好。另外,连续阴天时可用杀菌烟雾剂熏蒸,效果良好。

二是冬春茬菜豆。①品种选择。应选择长势旺、抗病、商品性好的品种,寿光市一般用碧丰或将军一点红。习惯食用绿荚菜豆的地区,可选用架豆王。②播种育苗时期及方法。在1月中旬黄瓜秧多数已爬至棚顶,进入采收盛期,为了提高复种指数,提高商品价值,应在此时播种菜豆。有两种播种方法:一是直播法。在黄瓜外侧每隔40厘米种一墩,浇底水,每墩播2~3粒种子,在地膜下浅播,约盖土2厘米厚,出苗时应及时破膜,防止菜豆徒长。二是营养钵育苗法。在棚内空闲处摆营养钵,先浇透水,晒5天后播种,深度为2厘米,每钵播2~3粒种子,约1周后苗可出齐。2月中旬菜豆苗长到2叶1心时定植。一般每墩留1株壮苗。③菜豆生长期管理。在2月中旬黄瓜采收盛期将过,此时可将下部老化叶片剪掉一些,使菜豆多见阳光。给黄瓜追肥时,最好多采用从美国进口的磷酸二铵或大粪水,以利于菜豆生长。另外,要调整架间的距离,黄瓜间距可密些,给菜豆腾空间,然后对菜豆吊蔓整枝,这样菜豆与黄瓜共生,相互影响不大。根据市场行情,尽量延长黄瓜的采收期。④菜豆前期的管理。为防止菜豆徒长,应采用掐尖技术。在第三节上去掉生长点,使第一、第二节间的侧枝萌生出来。当每个杈子长出两个花序就应及时掐尖,控制杈子疯秧。另外,可用矮丰灵600倍液浇根,使苗子节间粗壮。⑤菜豆结荚期的管理。菜豆一般在2月末进入始花期,为防落花落荚,可用防落素喷花。也可人为调节生态环境,在10时至13时出现30℃的高温时,加大通风量,但棚内湿度应保持在75%以上,如果低于此湿度,应在小行间浇小水,增加湿度,以利于坐花坐荚。当坐住的荚长到2厘米以上时,灌大水(小行也灌水),加大通风量。结合灌水追肥,也最好用从美国进口的磷酸二铵或大粪水。⑥菜豆采收期的管理。根据长势及价格,把黄瓜秧及时去掉。3月末菜豆陆续上市,此时菜豆价格高。到4月份菜豆进入采收盛期,下部菜豆豆荚由扁变圆时及时采收,每收一茬豆浇施一遍肥水。去掉黄瓜秧后,菜豆的生长环境空间大了,生长旺盛,为避免疯秧,在距棚顶20厘米时把生长点去掉,防止棚顶郁闭,影响正常生长。⑦病虫害防治。根腐病为土传病害,其防治方法是:尽量避免重茬;用相当于种子重量0.4%的58%甲霜灵锰锌可湿性粉剂或64%杀毒矾可湿性粉剂或绿亨1号拌种剂拌种。温差大、湿度大时易发生锈病。发现锈病后,在孢子未破裂之前,及时喷施乙磷铝500倍液加代森锰锌500倍液,也可与粉锈宁1000倍液交替使用,连续使用2~3次,即基本能控制住锈病。结荚后期由于高温高湿,易发生炭疽病,可用炭疽福美500倍液或施保克800倍液喷雾防治。对潜叶蝇和蚜虫,用敌敌畏烟雾剂熏蒸防效良好。

三是夏秋茬西芹苗。①品种选择。应选择抗病、高产、长势旺的品种,如文图拉西芹和四季西芹。②育苗。西芹的育苗非常关键,于5月下旬育苗,苗床应选择在棚外土质通透性好的地块。在畦面上撒1.5厘米厚的腐熟有机肥,用耙浅搂后拍实。浇透水后,直接撒播干种子,播后覆盖0.5厘米厚的营养土。支拱棚盖薄膜后,再覆盖遮阳网,两头一定要揭开通风,这样即保证了湿度又遮阳降温。大约10天后出苗。出苗80%时喷一遍透水,苗期大约40天。③定植及定植后的管理。定植前棚上要盖遮阳网,把地做成平畦,在畦面上撒腐熟有机肥,用耙浅搂后浇水,水渗后直接起苗扦插,株行距为8厘米×8厘米,扦插后用喷壶浇小水,成活率很高。缓苗后要及时给水,地表不能干,保持湿润。当苗长到15厘米后要随水追施磷酸二铵20千克,大约45天后即可收获。④病虫害防治。对叶斑病,用58%杀毒矾可湿性粉剂500倍液喷雾防治,最好连喷3次,效果好。对斑枯病,用50%多菌灵可湿性粉剂600~800倍液喷雾防治,每7~10天喷1次,连续喷2~3次。对潜叶蝇,用2%阿维菌素乳油2000倍液喷雾。对蚜虫,用扑虱蚜500倍液喷雾防治。

### 49. 什么是日光温室黄瓜套种菜豆高产高效栽培技术模式?

从1995年以来,寿光市农技推广人员和广大菜农经过多次试验和总结,大面积推广温室冬春茬黄瓜套种菜豆的栽培取得成功,产量和效益明显提高。平均每667平方米产黄瓜5500千克,产菜豆3200千克,两茬收入共2万余元。

**(1)黄瓜栽培管理** 8~9月结合整地每667平方米温室内撒施腐熟畜禽粪10000千克,深翻细耙后,按大行距90厘米、小行距50厘米做成15厘米高的垄,每行(5.5~6.5米长)沟施磷酸二铵、硫酸钾各0.25千克。9月末嫁接育苗,接穗选用山东密刺、济杂3号等黄瓜品种,砧木选用黑子南瓜,同时播种在营养土(钵)上。10月中旬,当黄瓜和砧木长出1片真叶时采用靠接法嫁接,嫁接苗按25厘米株距定植,每667平方米栽3800株。当嫁接苗具3~4片真叶时,切断黄瓜根,抹去气生根,用网绳及时吊蔓;具5~6片叶时喷施增瓜灵、矮丰灵,以缩短节间长度,防止徒长;在开花初期和盛期增施二氧化碳气肥。11月中旬开始采收黄瓜,翌年4月上中旬拉秧,采收期140~150天。

**(2)菜豆栽培管理** 选用适宜温室栽培、长势强、分枝多、抗病、结荚较多、嫩荚为绿色、肉质厚、无筋无革质膜、品质好的碧丰品种。1月上中旬播种育苗，可按55厘米株距在黄瓜垄外侧直播或定植，直播每667平方米用种量1.5千克；育苗移栽多采用营养钵，将钵摆放在温室内后墙下或黄瓜架两侧，浇透水，经2～3天，每钵播种2～3粒，播深3～4厘米，苗龄30天左右，于2月上旬栽植，一般每穴留单株苗。定植缓苗后，菜豆进入伸蔓期，应尽早摘除黄瓜下部老化叶片，同时将黄瓜秧向中间合拢，每穴用1根绳将豆蔓吊起，防止与黄瓜秧相互缠绕或伏地生长。当菜豆蔓长出第三片复叶时及时摘除生长点，促分枝萌生；当枝蔓出现2个花序时进行第二次摘心，以增加分枝数。苗期用矮丰灵500倍液灌根，可促使节短茎粗，早生分枝。菜豆生长适宜温度为20℃～25℃，室内温度超过30℃时，应及时通风降温，同时还要适时灌水或进行叶面喷雾，防止棚内空气湿度不足而造成落花、落叶。也可用防落素1支（5毫升）对水2升喷花，每5～7天喷1次，连喷2～3次。菜豆结荚期需大量氮、磷、钾等元素，每次采收后每架用尿素100克＋磷酸二氢钾50克混匀追施1次。每10天左右叶面喷1次垦易500倍液或0.03％钼酸铵液，促使增加开花结荚数量。黄瓜与菜豆共生期不浇水，待黄瓜拉秧后结合追肥，在膜下浇小水，切忌大水漫灌。3月末及时采收，采收期80～100天。

温室菜豆病虫害较多，应及时防治。对蚜虫，可用80％敌敌畏乳油1000倍液防治，每7～10天喷施1次，连喷3次；白粉虱用灭虱灵烟剂熏蒸，每次每667平方米用250克，隔3天熏1次，连熏2次；美洲斑潜蝇3龄以前幼虫用农地乐1500倍液、乐斯本600倍液防治；锈病、灰霉病、炭疽病可分别用粉锈宁1000～1200倍液、克霉灵1000倍液和炭疽福美600倍液喷洒。

## 50. 日光温室菜花菜豆间作栽培包括哪些技术措施？

**(1)种植菜豆** 品种为碧丰、老来少和将军一点红等。菜豆前茬为芹菜、小白菜、香菜等，由于菜豆、菜花喜肥，播前每667平方米补施充分腐熟农家肥2 000～3 000千克，尤其要增施过磷酸钙75千克，硫酸钾20千克或草木灰100千克，或者蔬菜专用复混肥75千克，以满足菜豆结荚期和菜花结球期对磷、钾肥的需求。菜豆实行高垄点种直播，播种时间为早春立春后，点播前用清水浸泡菜豆10小时。行距80厘米，穴距23～25厘米，穴深4厘米，每穴浇水1.5升，待水渗下后，每穴点种2～3粒。可起高垄，播后覆盖地膜，待菜豆苗出土后，引苗出膜，盖细土封好膜口。

**(2)菜花育苗** 菜花品种选用雪峰、赛雪山等。播种期为1月上旬，苗龄40天，2月中旬定植，每667平方米用种量100克。苗床每10平方米施农家肥150千克，磷酸二铵200克，将肥料与床土充分混匀，拌种前苗床浇1次透水，待水刚要渗完时，铺0.5厘米厚细土做底土，待底土完全润湿后均匀撒种，并盖土1厘米，在日光温室内扣小拱棚以保温育苗，待幼苗茎伸展时通小风，防止徒长。幼苗具1～2片真叶时，保持白天温度20℃左右，夜间10℃以上。幼苗具3片真叶时分苗，苗距10厘米见方。分苗后密闭保温，缓苗后白天保持17℃～18℃，夜间8℃～9℃，加强通风。定植前10天降温炼苗，定植前5天浇1次水起苗，囤苗待定植。

**(3)间作方法** 菜豆为高畦栽种，畦高15厘米并呈龟背状，每畦种2行菜豆，行距80厘米，株距20厘米，错开点播在半坡上；菜花为四平畦栽种，每畦宽1.7米，种4行菜花，行距40～45厘米，株距30～35厘米，错开栽。菜花定植方法为开沟浇水,带水摆坨,待水渗下后封土。后覆盖地膜,用铁钉划破地膜引苗出来,封好膜口。5～6 天后菜花畦浇 1 遍缓苗水。

**(4)间作管理** 菜花缓苗后,菜豆苗基本出齐,共同或分期进入蹲苗期(7～10 天),然后浇 1 次小水,随浇水每 667 平方米追施尿素 15 千克。菜豆吊架时再追水肥 1 次。菜豆和菜花共同点很多,前期都是充分吸收营养,形成健壮枝蔓或健壮叶片。菜豆可随菜花的水肥管理进行,不同的是菜豆初花期不能浇水,以防止落花。当进入结球或结荚期要水肥齐攻,畦面保持湿润,每 667 平方米追施尿素 20 千克,钾肥 10 千克。花球达到 1～1.5 千克时及时采收,为菜豆腾出更多空间。菜豆也要及时采收。后期加强浇水、追肥,促进第二次开花、结荚,提高产量。

# 第二部分　豇　豆

## 一、豇豆育苗技术

### 51. 豇豆育苗为什么要使用塑料营养钵?

豇豆在普通情况下多做直播栽培,在棚室内生产特别是越冬茬、冬春茬和早春茬的生产,多以育苗生产为主。豇豆根系的特点是须根少,再生能力差。育苗粗放,造成伤根,影响定植后植株生长。采用营养钵育苗,可以全根定植,缓苗快、生长快,上市早。根据用塑料营养钵和土块同时播种育苗对比试验,在同等条件下生长,塑料营养钵豇豆可早开花 6～8 天,比土块株高 35～40 厘米,早上市 10 天以上,前期产量(按 30 天计算)高出土块株 28％左右,经济效益高 45％以上。除去购塑料营养钵投入外,每 667 平方米地纯效益增加 5 000 元以上。根据各种护根育苗对比,塑料营养钵增产效果最明显。为此,我们认为豇豆栽培使用塑料营养钵效果最好。

### 52. 如何配制豇豆育苗营养土?

**(1)培育壮苗的营养土应具备的条件**　蔬菜保护地育苗,是在密集条件下生长,必须选用富有营养、透气性好的营养土。特别是豆类蔬菜,根系须很少,对营养土的条件要求更严格。①无侵染病菌和虫害。选择没有种过同科蔬菜的田土或粮食作物田土,用不是豆科类残体沤制的厩肥、堆肥配制床土,以免引发病虫害。②富含秧苗生长所需的矿物质营养。豇豆幼苗根系弱、分布浅,生长密集,生长量相对较大,床土矿物质营养必须完全、充足。据有关专家测定,床土中的全氮含量应为 0.8%～1.2%,速效磷含量为 100 毫克/千克。所以,要求豇豆育苗营养土配制时要用优质的腐熟厩肥。因幼苗根系弱,使用化肥极易烧根,应尽量不用或少用。③高度的持水性和良好的透气性。床土有机质丰富,才能改善营养土的吸水、吸肥和通气性。

**(2)床土的配制** 播种床土的配制比例是:肥沃田土 6 份,腐熟有机粪肥 4 份。为了增加床土中磷、钾肥的含量,可以适当加入些化肥。一般每立方米床土中加入过磷酸钙 5～6 千克、尿素 0.5～1 千克,或加入磷酸二铵 1～2 千克、草木灰 4～5 千克。配制比例确定后,按比例将土和肥料混合均匀,并过筛。为增加床土的透气性,可以适当掺入些过筛的细炉渣。配制和使用营养土应注意:肥料要充分腐熟、过筛,不用生粪,特别是未经腐熟的鸡粪、鸭粪;按上述指标添加化肥用量,不能加入过量的化肥,否则极易烧苗,损伤根系,造成大面积死苗、僵苗;要考虑土壤质地,若床土为砂壤土要增加黏度,且粪肥、炉灰等不宜过多施用;若为黏重土壤,可适当增加沙土及粪肥、炉灰,以增强土壤通气性;床土不能用豆科蔬菜的田土,防止土壤带菌,传染病害。

**(3)床土消毒** 用福尔马林 300～500 倍液喷洒床土,翻一层土喷一层药。然后用塑料薄膜覆盖,密封 5～7 天后揭膜晾 2～3 天即可使用。此外,还可使用多菌灵、敌克松等药剂拌土消毒。

幼苗在营养土过于肥沃时极易烧根。为防止烧根,营养土配好后,可试种几粒白菜类种子,2～3 天后观察根系,如发现白菜苗根尖发黄,须增加田土调整,然后装入塑料营养钵内,准备播种。

### 53. 豇豆育苗怎样播种?如何培育壮苗?

**(1)豇豆育苗的播种**　豇豆播前须晒种 1~2 天,使种子本身充分干燥,持水量一致。为利于发芽和杀死种皮表面的病原菌和虫卵,要采取高温烫种,即把精选后的种子用 75℃ 热水浸烫 5 分钟,然后加入冷水将温度调至 25℃~28℃时泡种 4~6 小时,捞出种子,晾后即可播种。由于豇豆的胚根对温度、湿度比较敏感,为避免伤根,一般不进行催芽。

播种时,先将营养钵内的营养土洇透,用竹片或铁钩挖 2~3 厘米深的小穴,每穴放入种子 4 粒,上盖 3 厘米厚的细土,用手压实。播种后,可用地膜或报纸铺在营养钵上面,以利于保湿。提高苗床内的温度,白天保持 33℃~35℃,夜间 20℃~25℃,不通风换气,5~6 天后出苗。出苗后,抓紧通风排湿,防止幼苗下胚轴伸长。冬、春季育苗,要在日光温室中建造苗床,苗床加扣小拱棚(图 2-1)。

**(2)豇豆壮苗的培育**　豇豆播种出苗后,要特别注意温度与湿度管理,出苗率达 85% 以后即须开始通风排湿,先开天窗半小时后,再开侧面通风口,通风口要由小到大逐渐降温,防止大风扫苗。白天温度保持 28℃~30℃,夜间 14℃~15℃。子叶展平、初生真叶展开后,白天温度保持 30℃左右,夜间 12℃~13℃。10 天左右要及时间苗,每个营养钵内以留 3 株苗为宜。

播种后保持土壤湿润,分苗前不宜浇水,防止发生沤根和猝倒病。移苗时,浇透水,待缓苗后表土见干时再浇水,幼苗期土壤相对湿度保持在 60%。

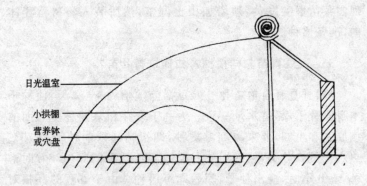

**图 2-1　豇豆冬春季育苗示意图**

必须设法增加光照强度和光照时间,在连续阴天和雪天也应揭开覆盖的草苫,使苗床内多进散射光,防止徒长。在苗床北侧中柱附近张挂镀铝聚酯膜反光幕,可提高光照强度,促进光合作用。

用塑料营养钵育苗,营养土容易缺墒,要经常观察苗情,发现叶片下垂时要及时补充水分。苗床浇水时要选择晴天中午,浇水要浇透营养土,不要洒水轻浇,造成苗期干旱。根据幼苗叶色判断为缺肥时,可随浇水补充尿素 1 000 倍和磷酸二氢钾 1 000 倍混合液。营养液浓度不能过大,否则易引起烧根现象。

### 54. 豇豆幼苗定植前怎样炼苗?

豇豆育苗移栽,不论是越冬栽培还是早春栽培,为了增强幼苗的抗逆性,使其定植后生长加快,均需要炼苗,时间为 4～5 天。炼苗时白天提高温度,增大通风量,使叶片加大蒸腾作用,多积累干物质,夜间适当降低温度,以增强其耐寒性。

炼苗时晴天白天温度升高到 30℃ 以后才通风,最高温度可达 33℃～35℃,夜间温度可降至 8℃～10℃,扩大昼夜温差,使白天光合作用生成的营养在茎、叶上多积累,达到叶色深、叶片厚,增强幼苗自身素质,提高幼苗抗低温能力。锻炼时要注意营养土不能缺水,一般炼苗前浇 1 次透水。在炼苗期间,调换苗床营养钵的位置,加大每棵苗的距离,使其全株见光。另外,阴雨天气也要适当保温,防止白天温度过低、夜间更低而造成幼苗受害。炼苗后豇豆幼苗生长点和最上面的 1 片叶平齐、叶片色泽深绿,即为最佳标准。

# 二、豇豆栽培管理

## 55. 冬春茬豇豆如何整地定植？如何管理？

**(1)整地定植** 冬春茬豇豆生产除了大量施用有机肥外，还要注意精细整地。一般要求把80％的肥料普施后，深翻30厘米，锄细搂平，达到东西地面平整，南高北低，相差5厘米左右，使冬季浇水时温室前缘水量略小。因为棚膜大多是无滴耐老化膜，具有流滴特性，每天水滴大量流到前缘，南高北低，可以避免前缘土壤湿度过大，引发病虫害。

地整平后可以开定植沟，一般要求宽窄行定植，大行70厘米，小行50厘米，沟深15厘米，把剩余的20％肥料顺沟施入，锄匀后即可栽苗，苗距30厘米左右。苗定植的深度，要以苗子营养土块上面和栽培埂上面平齐为宜。浇足定植水，待水渗后，趁墒封成龟背状单垄，在两窄行上覆盖地膜。地膜宽度要求80～90厘米，只覆盖栽培垄和窄行，把拉出苗的"膜眼"封严。人行道上不要盖膜，防止地面全部覆盖后，土壤中的有害气体不能及时向外逸出，造成根系受害。

**(2)定植后的管理** 豇豆定植后，4～5天保持较高温度，促使豇豆尽快生根缓苗。白天，不超过33℃不通风，夜间维持14℃以上比较适宜。缓苗后，豇豆的正常温度管理，白天应保持28℃～30℃，25℃以上就要通风，夜间11℃～13℃。阴雨雪天，白天不低于18℃～20℃，夜间13℃～14℃，阴天温度不高也必须适当通风，一般每天不低于2小时的通风时间，更不能为了保温白天也不揭草苫。

连续阴天转晴时，豇豆最容易"闪苗"，即叶片枯萎。必要时一定要"回苫"。也就是陡晴时,早上揭开草苫后,发现叶片萎蔫时要隔 1 张草苫放下 1 张草苫遮阳,必要时叶面喷洒温水(20℃左右),叶片失水症状消失后,再卷起草苫观察,枯萎时还要连续多次回苫,直至彻底恢复后才能正常管理。

### 56. 保护地豇豆为什么要实行吊蔓栽培法?

常规栽培豇豆,在豇豆甩蔓时要用小竹竿或树枝等搭架。温室、大棚等保护地由于前边缘较低不便于搭架,所以一般不在保护地内种植豇豆。如果采取吊蔓的方法,就可解决这一问题。

采取吊蔓法就要在豆苗甩蔓以前做好吊蔓的一切准备,具体做法如下。

豇豆主蔓伸长到 20～30 厘米时,应设架人工引蔓辅助其上架。因寿光冬暖塑料大棚内设有专供吊架用的东西向拉紧钢丝(24 号或 26 号钢丝)3 道,在东西向拉紧的吊架钢丝上,按棚田上南北向豇豆行的行距,设置上顺行吊架铁丝(一般用14 号铁丝);在顺行吊架铁丝上,按本行中的株距挂上垂至近地面的尼龙绳做吊绳。吊绳的下端拴固在深插于植株之间的短竹竿上,短竹竿地上高度 20～30 厘米。人工引蔓上吊架时,将豇豆蔓轻轻松绑于吊蔓绳上即可。吊架的主要好处是:可通过移动套拴在东西向拉紧吊架钢丝上的吊架铁丝相邻之间的距离,来调节吊架茎蔓的行距大小,也可通过移动吊架铁丝上的吊绳相邻之间距离,来调节吊蔓株距大小,这样就能使茎叶分布均匀,充分利用空间和改善行、株间透光条件,还便于"之"字形吊架和降蔓落蔓(图 2-2)。

操作时应从靠拱棚边缘的垄开始,避免弄伤豇豆苗。甩蔓后经常查看,人工辅助把没能自行爬上吊绳的豇豆苗绕到绳上。

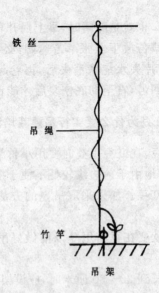

铁丝

吊绳

竹竿

吊架

图 2-2　豇豆吊蔓示意图

### 57. 冬春茬豇豆如何进行植株调整?

引蔓上架是指插架后,有些蔓不能自行沿架上爬,需人工辅助引蔓环绕上架。引蔓上架时,由于温室内湿度大,蔓细嫩易折断,宜选择晴天中午或下午进行,阴天或早晨忌引蔓上架。整个生育期要经常检查,发现有离架、脱架的要及时辅助引蔓,以防止乱秧。

整枝是温室越冬茬豇豆的一项主要工作,包括摘除侧枝、侧枝摘心、主蔓摘心等。

**(1) 摘除侧枝**　待豇豆主蔓长到 60～70 厘米时,将第一花序以下叶腋中萌生的侧枝去掉,以免下部过于繁茂而影响通风透光。下部侧枝摘除时不要超过 3 厘米长,以免浪费营养影响早熟。侧枝生成与栽培条件和品种有关。栽培密度大时侧枝较少,有些地方品种侧枝也较少。

**(2)侧枝摘心** 是指栽培主侧蔓同时结荚的品种时,第一花序以下的侧枝留1~2片叶摘心,促发侧枝花序。摘心工作应在侧枝生成后及早进行,以免摘心过晚,侧枝过长,效果很差。

**(3)主蔓摘心** 是指主蔓爬到架顶后,对主蔓进行摘心。顶端萌生侧芽也同时摘心,这样可以控制营养生长和主蔓过长,造成架间和温室空间郁闭,同时也便于采收,更重要的是能很快获得第一次产量高峰。

主蔓摘心后,植株在肥水充足的条件下,下部侧枝萌发量增加,及时再次对下部侧枝摘心,促进二次结果。打老叶是在豇豆生长盛期时,开始分期摘除下部老叶,减少植株养分消耗,使下部通风条件改善,对克服因通风不良造成的病害有一定的控制作用(图2-3)。

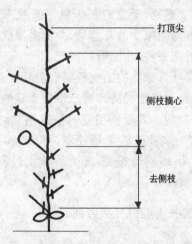

图2-3 豇豆整枝图示

## 58. 日光温室豇豆栽培如何采用化控技术？

**(1)调控株高**　矮生豇豆出苗后,用10～20毫克/千克赤霉素喷洒,每5天喷1次,共喷3次,能使其茎节伸长,分枝增加,开花、结荚提早,采收期提前3～5天。蔓生豇豆生长中期喷施矮壮素、多效唑或比久,能控制株高、减少郁闭和减少病虫害发生。使用浓度,矮壮素为20毫克/千克,多效唑为150毫克/千克,比久为500毫克/千克。还可以使用100毫克/千克三碘苯甲酸控制蔓生豇豆的株高,以提高产量。

**(2)促进再生**　为促进豇豆在生长后期萌发新芽,可用20毫克/千克赤霉素溶液喷洒种株,一般每5天喷1次,喷2次即可。

**(3)减少脱落**　豇豆开花结荚时温度过高、过低均会使豇豆落花落荚加重。在豇豆的花期,喷施5～15毫克/千克萘乙酸溶液或6～12毫克/千克对氯苯氧乙酸或12～25毫克/千克赤霉素溶液,均能减少落花落荚,并能提早成熟。由于结荚数增加,必须增施肥料,才能取得高产。

**(4)抑制光呼吸**　作物的光呼吸会消耗大量同化物质,因此抑制光呼吸能大幅度提高作物产量。亚硫酸氢钠是豆类作物的光呼吸抑制剂。豇豆使用亚硫酸氢钠的时期,以盛花期至结荚期为宜。如果植株长势较弱,可以提前到花期使用。一般使用浓度为30～60毫克/千克。浓度过高,反而会降低光合强度而导致减产。

## 59. 怎样延长春茬豇豆采收期？

春茬豇豆如果基肥不足,肥水管理不及时,进入高温季节开花数减少,出现伏歇,继而脱肥落叶,出现严重的早衰现象。

这时,往往就要拉蔓,因而使结荚期较短,降低了生产效益。如果针对"伏歇"和脱肥的原因,加强肥水管理,完全可以延长采收期。主要做法是:①前期适当控制水分进行蹲苗,促进生殖生长,以形成较多的花序,为丰产打好基础。蹲苗期间,加强中耕,保蓄地墒,促进根系发育、茎蔓粗壮。蹲苗到第一花序开花坐荚时浇第一次水。②封顶前,结合灌水,每 667 平方米分次追施 15～20 千克速效氮肥,促进侧蔓生长,形成较多的侧蔓花序,并使蔓上原有花序继续开花坐荚,从而打破"伏歇",延长采收期,增加后期产量。③及时除杂草,防止杂草与豆角植株争肥,使植株早衰。④及时喷药防治病虫害保护叶片。锈病、叶斑病、豆荚螟、小地老虎等病虫的危害,会加速叶子脱落,应及时喷药防治。喷洒 0.2%磷酸二铵有利于保护叶片。

### 60. 怎样促使豇豆二次结荚?

在保护地栽培中,对于生长期较长的豇豆品种,采取科学合理的栽培措施,促进豇豆的二次结荚,争取第二个产量高峰期,是获得高产的有效途径。经过近几年的摸索和总结,寿光市在研究豇豆二次结荚中取得了初步成功,平均每 667 平方米可增产 800 千克,增幅达 30%～40%。其关键技术环节如下。

**(1)选择优良品种** 优良的品种是获得高产的前提,选择生长期为 70～130 天、抗病性强、耐高温干旱、适应性广的品种。目前寿光市保护地的主栽品种为之豇 28-2、上海 33-47等。

**(2)施足基肥,适时播种** 基肥应以富含磷、钾的农家肥为主,如人粪、畜粪、堆肥、饼肥、草木灰等。另外,可辅施三元复合肥,以满足整个生育期对肥料的需求。

**(3)加强田间管理** 在豇豆第一次结荚高峰期结束前7~10天,结合田间浇水追肥1次,每667平方米施尿素25千克或三元复合肥20千克,以后根据长势每7~10天追肥1次。通过加强肥水管理,缩短伏歇时间,防止早衰,促进侧枝萌发和花序再生。避免田间积水,防止烂根,并加强中耕除草,摘除病叶、黄叶、枯叶,增加通风透光,使植株生长健壮。另外,在第一次结荚高峰期过后,在植株顶部60~100厘米处对已经开过花的节位上发出的侧枝进行摘心,以增加结荚数。

### 61. 冬春茬豇豆施用二氧化碳增产效果如何？怎样施用？

冬春茬豇豆施用大量有机肥,有良好的保温性能,温度、光照、水、肥等条件都比较适宜豇豆的生长发育,惟有二氧化碳不能满足豇豆的要求。据测定,在密闭的温室内,二氧化碳气体的含量经常处于缺乏状态。由于保护地内和自然界交流少,二氧化碳气体含量的变化很大。在夜间,由于植株的呼吸作用和土壤中产生的二氧化碳向外释放,温室内早上二氧化碳含量可达到1000毫克/立方米左右。早晨揭开草苫后,由于光合作用的吸收,二氧化碳气体迅速下降,经50分钟可降到300毫克/立方米,基本接近自然界的含量。1.5小时后降至70毫克/立方米左右,二氧化碳气体严重不足。由于外界气温较低,不能大量通风,在此情况下直接制约了植株的光合作用,影响植株正常生长发育。10时开始大量通风,30分钟后保护地内和大自然界中的二氧化碳气体含量持平。而大自然中二氧化碳气体的含量既不是作物光合作用的最高值,也不是最佳值。据报道,二氧化碳气体含量超过350毫克/立方米,作物就能明显增产。

**（1）施用二氧化碳的增产效果**　二氧化碳气体使用浓度增加到 1 000 毫克/立方米（稳定值），从生态上可以直接观察到豇豆蔓粗、叶厚、叶色深绿，长势旺，抗逆能力明显增加，采收时间明显提前。从产量上分析，增产幅度前期达 30%，中后期可增产 50% 左右，平均总产量增加 43% 左右。从经济效益统计，前期增收 53%，中后期增收 25%（延长采收期，后期价格低），总增效益达 28% 左右，投入产出比为 1∶13，扣除投入净增效益达 25%。

**（2）二氧化碳施用方法及注意事项**

气源选择：可供保护地使用的二氧化碳气肥的主要来源有液化气、天然气、白煤油、液态二氧化碳、干冰、化学发生剂等。据报道，以酒精厂的下脚料二氧化碳气最便宜，每天使用 2 千克，造价 1 元左右，价格低廉。但运输时须钢瓶贮存，造价较高。采用碳酸氢铵和硫酸反应的方法制取二氧化碳比较实用，但在制取中容易烧伤人和植株，应格外小心。郑州安邦蔬菜科技开发中心综合各厂家产品优点生产的新型二氧化碳发生器，利用燃煤产生的气体进行过滤，去掉有害气体，输出纯净的二氧化碳气体，产气量大而且稳定，每 667 平方米大棚一次性投资 300～350 元，每月费用 10 元左右，经过计算，投入成本最低，值得推广。

使用方法：棚室内豇豆第一花序坐荚后，开始使用二氧化碳气肥，盛荚期时加大使用量，浓度可加大到 1 500 毫克/立方米左右。早上揭草苫后（不盖草苫时太阳出来后）开始施放二氧化碳气体，一直维持到通风前半小时停止使用（一般在气温升至 26℃ 左右时停止）。每天施放 2～3 小时。多云天气可减少施放量，阴雨天气停止施放。

使用二氧化碳气肥的注意事项：①豇豆施用二氧化碳的

时间不宜过早。开花结荚前使用,易造成茎叶徒长,结荚时间向后推迟,或营养生长过旺,从而影响产量。②盛荚期施放二氧化碳气要结合浇水施肥,才能达到增产的目的。③施放二氧化碳气肥的时间要持久,不能中间停止使用。施用二氧化碳气肥,棚室农膜的破洞要及时修补,防止气肥外泄、浪费。每天定时定量施放,需要停止使用时,应逐渐减少使用量。不能突然停用,以免影响植株的光合能力,使产量直线下降,加快植株的老化速度。④大温差管理方法可提高二氧化碳施肥效果。白天上午在较高温度和强光下增施二氧化碳,有利于光合作用制造有机物质;而下午加大通风,夜间有较低温度,扩大温差,有利于光合产物的运转,从而加速豇豆生长发育与光合有机物的积累。⑤严格按说明书使用,防止出现意外事故。例如硫酸和碳铵反应法,稀释硫酸时,只能把硫酸倒入水中,而不能把水倒入硫酸中,以免硫酸急剧产生热量造成沸腾,溅到外面烧伤人员和作物。

### 62. 豇豆高产栽培应抓住哪些关键措施?

**(1)选用良种,适时播种** 表现较好的豆角品种主要有之豇28-2、张塘豆角、红嘴燕。露地直播的4月中下旬播种,育苗移栽的3月下旬至4月上旬播种,夏播在5月下旬至6月上旬播种。

**(2)整地施肥和做畦** 豆角喜土层深厚的土壤,播前应深翻,结合翻地铺施土杂肥为基肥。播种前可再沟施细肥并混施磷肥。增施磷肥可促进根系的细胞分裂,促进根瘤菌的繁殖,达到解磷增氮的目的。整地做畦。春播一般做平畦,畦宽1.2米。豆角怕涝,夏播可采用小高垄或半高畦方式栽培。

**(3)合理密植** 每畦栽2行,穴距20厘米左右,每穴播

4～5粒种子。一般多播干种子,播种深度为2～3厘米。土壤墒情不足,应先造墒,或开沟浇水后不规则播种。每667平方米播种量为3～4千克。

**(4)中耕** 苗期在不太干旱的情况下,宜多次中耕松土保墒,蹲苗促根,使植株生长健壮。甩蔓后停止中耕。

**(5)吊架、摘心和打杈** 甩蔓期吊架。可将第一穗花序以下的杈子全部抹掉,主蔓爬到架顶时摘心。后期的侧枝坐荚后也进行摘心。主蔓摘心是为了促进侧枝生长,抹杈、整枝和摘心是为了促进豆荚生长。

**(6)追肥浇水** 吊架前开始追肥,结荚期每10～15天追肥1次,以腐熟人粪尿和氮素化肥为主,给合浇水冲施。进入结荚期可增加浇水次数,保持畦面湿润。为降低地温和增加昼夜温差,浇水以傍晚为好,切勿中午浇水。采收盛期进行1次重追肥,每667平方米施腐熟人粪尿1 000～2 000千克,或尿素20～30千克,以促进植株萌生新枝,可明显提高产量。

**(7)防治病虫害** 防治豆荚螟、蚜虫和红蜘蛛,可及时喷布敌敌畏乳剂800～1 000倍液。在豆角生长中后期要及时喷药防治锈病。

### 63. 日光温室豇豆早春茬栽培有哪些关键技术?

**(1)育苗** 豇豆一般采用直播。但在温室内进行早春栽培,为了提高温室的利用率,延长上茬蔬菜作物生长期,提早上市,宜采用集中育苗。

育苗床土的配制请参阅本书第52问。

苗床准备:将配制好的床土装入10厘米×10厘米的营养钵内。苗床造成小高畦,畦长10～15米,宽12米,高10厘米。将畦搂平踏实,上面排放装好营养土的营养钵,钵间空隙用土塞满,苗床边缘的营养钵周围用土覆盖,以利于保持湿度。钵内浇透水以备播种。

品种选择:日光温室进行豇豆早春茬栽培,应选择适宜当地消费习惯的早熟品种,栽培较普遍的品种有之豇 28-2、洛豇 99、成豇 1 号、成豇 3 号等。这些品种品质优良,抗逆性较强,前期产量高,熟性早,特别适合早熟栽培。

种子处理:先晒种。晒种一般在温室内进行,于播前选择晴天晒种 2～3 天,温度不宜过高,应掌握在 25℃～35℃,注意摊晒均匀。晒好种后浸种,用农用链霉素 500 倍液浸种 4～6 小时,以防治细菌性疫病,而后用冷水浸 4～6 小时,稍晾后即可播种。枯萎病和炭疽病发生较重的地块可用相当于种子重量 0.5％的 50％多菌灵可湿性粉剂拌种防治。

播种:将浸泡后的种子点播于营养钵中,每钵 3～4 粒。播后覆盖 2～3 厘米厚的干细土,土上覆盖地膜,以增温保湿。苗床上架竹拱,拱上加薄膜。当有 30％种子出土后,及时揭去地膜。苗期具体温度管理是,播种至出土白天为 25℃～30℃,夜间 14℃～16℃,最低夜温 10℃;出土后白天为 20℃～25℃,夜间 12℃～14℃,最低夜温 8℃;定植前 4～5 天白天为 20℃～23℃,夜间 10℃～12℃,最低夜温 8℃。注意保持土壤湿润,经常通风换气,保证幼苗生长健壮。壮苗的标准是:子叶完好,第一片复叶显露,无病虫害。

**(2)定植前的准备** 每 667 平方米施优质腐熟鸡粪3 000～5 000 千克,过磷酸钙 50～100 千克,磷酸二铵 20～30千克,硫酸钾 20～30 千克;新建日光温室可选择最大用量,3年以上日光温室可选择最小用量;以上肥料 2/3 铺施,1/3 开沟时沟施。铺施肥料后,深翻土壤 30 厘米,然后耙细、整平。前茬作物为豆类蔬菜的旧温室,每 667 平方米可加施 70％甲基托布津可湿性粉剂或 64％杀毒矾可湿性粉剂 1 千克,对细土撒匀或对水喷洒地面,然后深翻、耙细、整平。按大行距 80 厘米、小行距 50 厘米,开 15 厘米深的沟并施肥,沟上起垄,垄高 15～20 厘米,准备定植。

**(3)定植**  垄上按 30～35 厘米开穴,在定植穴中点施磷酸二氢钾,每穴 5 克。幼苗去掉营养钵,带坨放入穴中,然后浇水,水渗下后 2～3 小时封垄。封垄后小沟内浇水,以利于缓苗。一般每 667 平方米可定植 3 000～3 700 穴。

**(4)定植后的管理**

一是温度管理。定植后缓苗阶段要注意保温并通风,以提高温室内的温度,以有利于缓苗。要求白天最高温度控制在 28℃～30℃,晚上温度不低于 18℃;待蔓叶开始正常生长后,晴天中午要揭膜放顶风;进入开花初期,随着外界气温的升高,应逐渐加大通风量,以免因温度过高引起徒长和落花。

二是肥水管理。前期除定植后浇 1 次缓苗水外,要尽量控制肥水,尤其是要控制氮肥的施用,防止植株只长蔓叶,不形成花序。植株基部出现花序开始追肥,当植株大部分出现花序时要施重肥,防止叶片发黄,引起落花、落荚。每 667 平方米追施三元复合肥 20～30 千克。以后每采收 2～3 次,需追肥 1 次。第一花穗开花坐荚时浇第一次水,此后要控制浇水,防止徒长,以促进花穗形成。当主蔓上约 1/3 花穗开花,再浇第二次水,以后地面稍干即浇水,保持土壤湿润。

三是植株调整。①吊蔓。当茎蔓抽出后开始吊蔓,每穴植株用 1 根尼龙绳,上端固定在温室的支架或铁丝上,下端轻轻绑在植株茎基部,将茎蔓缠绕在绳上,并捆绑 3～4 道。也可插架引蔓,在两小行上搭“人”字架,将茎蔓牵至架上,茎蔓上架后捆绑 1～2 道。②打杈。豇豆每个叶腋处都有侧芽,每个侧芽都会长出 1 条侧蔓,不及时摘除侧蔓会消耗养分。同时侧蔓过多,株间郁闭,通风透光不好,必须打杈。打杈时将第一花序以下各节的侧芽全部打掉,但不宜过早,应在6～9厘米时打掉。但第一花序以上各节的侧芽应及时摘除,以促进花芽生长。③摘心。主蔓长到架顶时,应及时摘除顶芽,促使中上部的侧芽迅速生长,若肥水充足,植株生长旺盛时,可任其生长,让中上部子蔓横生,各子蔓每个节位都会着生花序而结荚,可进一步延长采收盛期。若植株生长较弱,子蔓长到3～5节后可摘心处理。

(5)采收 在种子未明显膨大时采收,注意不要损伤花芽花序。

## 64. 秋延后大棚豇豆栽培的技术要点是什么?

大棚豇豆秋延后栽培对深秋和初冬调节市场供应具有重要作用。其栽培技术比较简单,经济效益可观,因而生产上栽培越来越多。

(1)品种选择 豇豆的大棚秋延后栽培前、中期处于高温季节,因此,要选用耐热、抗病的品种,如红嘴燕、秋豇 512、之豇 19 等品种,也可选用各地的抗热、高产地方良种。之豇 28-2 农业性状好,可在早春播种使用,但在夏、秋高温期易感病毒病,应避免使用。

(2)播前准备 大棚的前茬作物拉秧后,清除残株杂草,晾晒几天。翻地15～20厘米即可,防止土层过深接纳过多的雨水,反而不利于排除积水。但基肥仍要足施,每平方米施农家肥 7.5 千克以上,过磷酸钙 37.5 克,磷酸二铵 30～37.5克。最好用 2/3 的基肥做普施,1/3 的基肥在做好畦后集中沟施。翻地耙平后做畦,畦宽 1.2 米。大棚一般为南北向,畦向最好与大棚走向垂直。在大棚中间开一走道或小水道,道两边各做东西走向的畦,这样有利于植株采光和田间作业。

**(3)适时播种** 一般采用直播,只在前茬作物收获较晚时,进行育苗移栽,其苗床可设在露地或其他棚室内。

播种期的确定:为了避免大棚秋延后豇豆的产量高峰期与露地秋豇豆的收获期相遇,大棚播种期应比露地秋豇豆推迟 20 天左右。寿光地区大棚秋延后豇豆的播期一般在 7 月下旬至 8 月上旬。

直播或育苗:在底墒充足的条件下开穴点播,每畦 2 行,穴距 20～25 厘米,每穴 2～3 粒种子,播后覆土。每平方米播 6～8 穴。育苗的可用营养钵、纸袋或营养土方做好苗床,配制好营养土后,浇足底水,点播育苗,每钵 2～3 粒。一般不用催芽,用干籽直播或浸种后播种即可。在育苗床上尽量搭荫棚,防止高温或雨水侵袭幼苗。苗床气温不能高于 35℃。

**(4)播种后的田间管理**

一是苗期管理。为了降温防雨,在大棚内直播的,直接在棚架上覆盖旧塑料布或树枝、杂草等遮荫物。在露地育苗的,即在育苗床上搭荫棚防雨。有条件的地方可使用遮阳网。如果不注意被暴雨淋伤小苗,或因田间水分过多、温度过高而使小苗徒长,应采取补救措施重新点播或浅锄地,以减轻危害。

大棚秋延后豇豆苗期生长快,苗龄相应缩短,一般为 15～20 天。整个苗期不浇水,以防止徒长。

二是定植。采用育苗移栽的,在 8 月份均可定植。采取明水定植法,即先开沟摆苗埋土,然后再浇水。定植后经 4～5 天缓苗后浇缓苗水,待土表稍干即中耕。

三是中耕蹲苗。直接在大棚内直播的,出苗后遇雨水冲淋,可浅锄。在长出第一复叶时,即和育苗移栽缓苗后一样进行中耕蹲苗。中耕一般 2～3 次:第一次浅锄 3 厘米;第二次加深到 5 厘米,促进根系生长;第三次则浅锄,以免损伤根系,并结合锄地在植株基部培土。大棚上的遮荫物也要清理干净。

四是肥水管理。在豇豆开花坐荚前,要控制浇水,以免植株徒长。开花结荚后,幼荚长到 5～6 厘米时,开始第一次追肥浇水。每 10 天左右浇 1 次水,每浇 2 次水追 1 次肥。可冲施粪稀,或追施化肥,用量是每平方米施粪稀 0.75 千克以上,或尿素 30～37.5 克。要在扣棚前追肥浇水,扣棚后降低棚内湿度,防止病害发生。

五是吊架引蔓。植株甩蔓后,在大棚内插人字架,并引蔓上架。也可用尼龙绳代替竹竿。具体方法参阅本书第 56 问。

(5)适时扣棚　寿光市在 9 月中旬以后,外界气温逐渐降低,当气温降至 15℃ 时,应相继扣棚。扣棚时要防止插架的竹竿划破棚膜。在扣棚前,浇 1 次充足的肥水,每平方米施入粪稀 4.5 千克,或尿素 30～37.5 克。

(6)扣棚后的管理　主要是温、湿度管理,其管理的好坏直接影响植株的生长和产量的高低。

一是温、湿度管理。大棚豇豆秋延后栽培是由高温向低温过渡,与春提前栽培相反。因此,在温、湿度管理上不一样。扣棚前期,由于外界温度高,再加上扣棚前浇水多,一定要昼夜大通风,以降低温、湿度。白天控温在 20℃～25℃,夜间为 15℃～20℃。随着外界气温的降低,逐渐减少通风量。当外界温度降到 12℃ 左右时,夜间关闭风口,白天通风。外界温度降到 10℃ 左右时,密闭保温,昼夜不通风。遇到寒流和霜冻时,在大棚四周围盖草苫防寒。10月上中旬以后注意围草苫,尤其要注意夜间保温,以尽量延长豇豆在棚内的生长期。

如果管理得好,一直可以生长到 11 月上旬。

二是肥水管理。扣棚以后的肥水管理以少为宜,否则浇水过多,棚温低,湿度大,会影响植株生长,同时诱发病害的发生。一般扣棚后随即进入大量采收期,可随水再追肥 1 次。每 20 天左右浇水 1 次,每次浇水量要小。10 月中旬以后,植株生长势减弱,应减少浇水次数,并停止追肥。在果荚生长发育期,可进行根外喷施磷、钾肥,能促进果荚膨大伸长,并改进品质。肥料的浓度,过磷酸钙溶液为 1%～3%,磷酸二氢钾溶液为 0.2%～0.3%。

三是及时整枝摘心。去掉第一花序以下的侧枝,第一花序以上的侧枝留 2～3 叶摘心。主蔓摘心时间比春季早熟栽培要提前,一般在蔓长 2 米时摘心。因为后期开的花,即使能结荚,也会由于生长的环境条件不适宜而达不到商品成熟。早摘心,可去掉一部分花序,减少养分的消耗。

**(7)病虫害防治**  大棚秋延后栽培苗期处在高温雨季,易发生病毒病、白粉病和蚜虫。病毒病在发病初期用 20%病毒 A 500 倍液进行叶面喷雾,隔 7 天喷 1 次,连续喷 3 次。白粉病可用 25%粉锈宁(三唑酮)乳油 1 800 倍液喷雾。蚜虫用 2.5%敌杀死或 20%速灭杀丁乳油 2 000 倍液喷雾。生长期也易发生其他病虫害,应注意防治。

**(8)采收**  直播后 40～50 天开始采收嫩荚。从定植到始收为 35～40 天。9 月中旬即开始采收。在生长的中后期可适当晚收,有利于产值的提高,品质也不会降低。

### 65. 日光温室豇豆冬季栽培的技术要点是什么?

**(1)浸种**  先用 1%福尔马林按 0.3%的比例浸泡 20 分钟消毒,捞出后冲洗干净,再用 40℃的温水浸泡 1～2 小时。

**(2)育苗** 一般在 11 月下旬至 12 月上旬播种,每 667 平方米用种量 4～5 千克。采用营养土方或营养钵育苗,播后加盖小拱棚防寒保温。播后发芽前室内白天温度保持20℃～25℃,夜间 13℃,地温 15℃;出土后第一片真叶露心时,白天温度保持 15℃～20℃,夜间不低于 10℃,地温 13℃;第一片真叶展平到第一复叶露心时,白天气温保持 18℃～20℃,夜间 13℃,地温 15℃,并采取早揭苫晚盖苫、倒土方的措施,使幼苗长势平衡。定植前 5～7 天降温炼苗,夜间温度 8℃,白天 15℃～18℃,地温 11℃。当苗具 2 叶 1 心、日历苗龄达到 35 天左右时即可定植。整个苗期不供水不追肥,因此要浇足底墒水,若苗叶发黄用 0.2%～0.3%磷酸二氢钾溶液或 0.2%尿素溶液喷洒叶面。

**(3)定植** 每 667 平方米施腐熟有机肥 4 000 千克以上。在室温稳定通过 8℃ 以上时即可定植,每 667 平方米种植密度为 3 000～4 000 穴,行距 60～70 厘米,穴距 26～33 厘米。

**(4)定植后的管理** 豇豆属短日照强光照作物。苗期要求日照时间短,以利于幼苗生长发育,管理时要求提高地温,加强根系通透性,增强光照强度,缩短光照时间,调节生殖生长与营养生长的矛盾。

定植后到结荚盛期的管理:白天温度控制在 20℃～25℃,夜间 13℃,地温 15℃,湿度保持在 65%～75%。翌年 1 月中旬左右,豇豆开始伸蔓,此时开始追催荚肥,每 667 平方米追施三元复合肥 30 千克,也可追施稀粪。还应浇催荚水,不能浇大水。然后吊架。可喷 1 次 0.2%～0.3%磷酸二氢钾溶液。

结荚盛期到拉秧的管理:2 月上旬开始采收,此时营养生长和生殖生长同时并进,地下根瘤大量形成,是需肥水最多的时期,也是光合作用旺期,此时除吸收大量的磷、钾肥外,还需适量氮肥。白天温度保持 20℃～25℃,夜间不低于 15℃,地温 17℃,室内湿度为 80%左右。第二次追施纯氮、五氧化二磷和氧化钾,含量比例为 24∶11∶40,顺便浇第二次水,以后采收 1 次追 1 次肥,浇 1 次水。到 4 月底至 5 月上旬是豇豆从主蔓结荚转移的高峰期,此时因为进入高温高湿阶段,病虫害发生严重,落花落荚严重。若市场价格较高,可加强肥水管理;若价格低,可提前拉秧。

**(5)病虫害防治** 注意加强对锈病、炭疽病、灰霉病和蚜虫的防治,可分别选用 25%粉锈宁乳油 1 800 溶液、60%百泰可分散粒剂 800 倍液、50%多霉灵可湿性粉剂 800 倍液、10%吡虫啉可湿性粉剂 1 000 倍液喷雾。

## 66. 豇豆应用生物反应堆和植物疫苗技术包括哪些环节?

豇豆是一种高温型、需求二氧化碳较多的作物,保护地栽培有 4 大难题,即地温偏低、二氧化碳亏缺、病虫害严重和土壤板结。应用秸秆生物反应堆和植物疫苗技术,冬天 20 厘米地温可增加 4℃～6℃,二氧化碳浓度可提高 4～6 倍,减少化肥用量 60%,减少农药用量 80%。该技术连用 3 年可不施化肥农药,成本降低 60%以上,平均增产 50%以上,成熟期提前 15 天,收获期延长 30 天。具体做法如下。

**(1)秸秆和其他物料用量** 每 667 平方米用秸秆 3 000～4 000 千克,饼肥 100 千克,牛、马等草食动物粪便 3～4 立方米。严禁使用传播线虫和病害的鸡、猪等非草食动物粪便和人粪。

**(2)菌种、疫苗用量** 每 667 平方米用菌种 6～8 千克,疫苗 2～3 千克。

**(3)菌种和疫苗使用前的处理** 使用当天按 1 千克菌种掺 20 千克麦麸、18 升水,三者拌和均匀后堆积 4～5 小时即可使用。如当天使用不完,摊放于阴暗处,厚度为 5～8 厘米,第二天可继续使用。疫苗 1 千克掺 20 千克麦麸、18 升水,处理方法同上。

**(4)操作时间** 行下内置式,定植前 15 天进行;行间内置式,定植后进行。

**(5)行下内置式秸秆生物反应堆的操作方法** 种植前在小行下开沟,沟宽与小行相等,沟深 15～20 厘米,沟长与行长相等。所挖土壤分放两边,开完沟后填入秸秆,填平踏实的秸秆厚度 30 厘米,沟两头秸秆露出 10 厘米,以便于氧气进入。填完秸秆后按每沟需要的菌种用量,均匀撒在秸秆上,用锨拍打一遍后,将起土回填于秸秆上,接着浇大水湿透秸秆,经 3～4 天后起垄找平,覆土厚度为 15 厘米左右。然后挖穴或开小沟,将疫苗撒施于定植穴内与土壤掺和均匀,放苗、浇水、盖土,最后盖膜、打孔,在每行的两株之间用 14 号钢筋打孔,孔距 15 厘米,孔深以穿透秸秆层为准(图 2-4)。

**(6)行间内置秸秆生物反应堆的使用** 此法在定植后的大行间起土 15～20 厘米,放秸秆踏实填平,厚度 30 厘米,沟的两头各露出 10 厘米的秸秆,再按每沟所需菌种均匀撒在秸秆上,用铁锨拍打一遍,将所起土回填于秸秆上,然后浇小水湿润秸秆,行间内置式反应堆只浇这一次小水,以后浇水在小行间进行。经 6～7 天后盖地膜打孔,用 14 号钢筋按 3 厘米 1 行、20 厘米 1 个进行打孔,孔深以穿透秸秆层为准。

**(7)内置式秸秆生物反应堆使用注意事项** 注意做到三足、一露和三不宜。三足,即秸秆用量要足,菌种用量要足,第

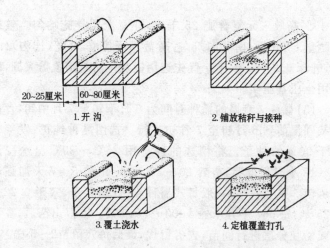

20~25厘米 60~80厘米

1.开 沟

2.铺放秸秆与接种

3.覆土浇水

4.定植覆盖打孔

**图 2-4   内置秸秆生物反应堆制作过程**

一次浇水要足;一露,即内置沟两头秸秆要露出茬头 10 厘米;三不宜,即开沟不宜过深,以 15～20 厘米为宜;覆土不宜过厚,以 15 厘米左右为宜;打孔不宜过晚,定植后应及时打孔。

### 67. 大棚豇豆覆盖防虫网栽培的技术要点是什么?

豇豆是夏季种植的蔬菜品种之一。近年来,因豆螟发生逐年加重,农药使用量较大,且一直没有找到较好的高效低毒低残留农药,致使上市豇豆农药残留超标事件时有发生,影响了人们的身体健康。寿光市洛城绿色食品蔬菜基地从 2000 年开始进行夏季防虫网覆盖豇豆高效栽培技术研究,取得了较好的经济效益和生态效益,一般每 667 平方米产嫩荚 3 500～4 000 千克,产值 2 500～4 000 元。

**(1)品种选择**   选用高产优质的宁豇 3 号、王中王等豇豆品种。

**(2)大田准备**   每 667 平方米施腐熟有机肥 2 500 千克

和 45％高效三元复合肥 25 千克,注意全层拌施均匀。整地前晒垡 5～8 天,南北向筑垄,高垄双行栽植,畦宽(连沟)1.2 米,畦深 0.2～0.25 米。优先选用银灰色防虫网覆盖大棚,四周用土压紧压实。

**(3)播 种** 直播的播种时间为 6 月下旬至 7 月中旬,育苗移栽则提前到 6 月初至 7 月初进行。选用品种纯正、发芽率大于 90％的种子。将精选的种子用 25℃～30℃温水浸泡 10～12 小时后催芽,苗龄 20～25 天,定植前 5～7 天加强通风炼苗。豇豆直播,一般每穴播种 4～5 粒种子,穴距 0.22～0.25 米,每 667 平方米播 4 000～4 500 穴。豇豆出苗后,在早晨或傍晚分次进行间苗,去劣留优,最后每穴留苗 2～3 株。

**(4)田间管理**

一是肥水管理。在齐苗或移栽成活后,应早施促苗肥,追施 1 次稀薄粪肥;甩蔓时结合中耕除草,每 667 平方米施尿素 5 千克;在基部盛花时,每 667 平方米施尿素 10 千克,隔 10 天待大部分豆荚坐住后,再追尿素 5 千克,并加施磷酸二氢钾 600 倍液或木酢 400 倍液做根外施肥 2～3 次,以后每隔 7～10 天再施 1 次肥。前期适当控制水分,促进生殖生长。第一花序开始坐荚时浇足水,此后仍要适当控制浇水,促其形成较多花序,直到主蔓上大部分花序出现时,再浇足水,以后地面稍干即须浇水,以保持土壤湿润。

二是引蔓整枝打杈。幼苗开始抽蔓时应搭架,并及时引蔓,按反时针方向将主蔓绕在竹竿上。将主蔓第一花序以下的侧芽全部抹除,当主蔓爬到竹竿顶后,及时打顶摘心,控制生长,促使侧枝花芽形成,减少养分消耗。

**(5)病虫害防治** 豇豆主要病害有锈病、白粉病、叶斑病。对锈病和白粉病,可用 25％粉锈宁(三唑酮)乳油 1 000 倍液防治;叶斑病可用 65％代森锰锌可湿性粉剂 500 倍液或 50％多菌灵可湿性粉剂 1 000 倍液防治。主要地下害虫有地老虎、蛴螬,可用 47％乐斯本 1 500～2 000 倍液灌根,或每 667平方米用 6％密达杀螺剂 0.5～0.7 千克拌成药土撒施。

**(6)采 收** 食用嫩荚时在籽粒膨大前采收,采摘时注意不要损坏其他花芽,更不能连花序一起摘掉。

## 68. 夏、秋豇豆防虫网覆盖栽培中常见问题及解决措施 是什么?

豇豆是夏、秋主要蔬菜栽培品种之一。但由于豆野螟、斜纹夜蛾、斑潜蝇等害虫发生十分严重,用一般化学农药防治,既导致害虫的抗药性增强,又会使农药残留超标。因此,从2001 年起,寿光市开始推广采用防虫网覆盖栽培的方式生产夏、秋豇豆,实现无(少)农药栽培。但是,在推广使用防虫网的过程中也出现了一些问题。希望农民朋友在栽培时加以注意,并在种植时采取相应的管理措施加以克服。

**(1)出苗率降低** 据试验,在夏季高温季节采用 30 目防虫网覆盖,棚内作物根际温度会明显提高,一般地面日平均温度较露地高 4℃～5℃,地温过高会导致种子出芽率降低。在生产上可采取下列解决措施:①选耐热性好的品种,如寿光地区可选用扬豇 40、宁豇 3 号等。②播前地面须浇足底水,尽可能降低棚内地温,播后种子覆土要达 2 厘米厚。如覆土过浅,表层泥土易干,种子也不易发芽。

**(2)植株易徒长** 利用防虫网覆盖栽培,植株节间加长,茎细叶色淡,有徒长现象。开花结荚期比同期种植的露地豇豆稍迟。解决措施:①选择防虫网时,网目不宜过密,一般宜选择 18～22 目的防虫网,既能防止害虫侵入,又能提高通透性能,尽可能地降低网内温度和湿度。②在肥水管理上,基肥一定要施足,每667平方米施腐熟有机肥3000千克,同时施用高效三元复合肥30千克。在植株营养生长期尽量少施氮肥,在生殖生长期追施磷、钾肥,并配合施用多功能叶面肥。③要适当降低播种密度。根据试验,豇豆的网内种植密度应比露地降低5%～10%,大行距为80厘米,小行距为60厘米,株距为25厘米,每667平方米播3500～4000穴。

**(3)防虫效果易受影响** 防虫效果易受多方面因素的影响,为使防虫效果显著,必须注意以下几点:①覆盖时间。为确保夏、秋豇豆全生育期在网室生产,一般在6月上旬雨季到来之前盖网,不能过迟,否则害虫侵入产卵繁殖后就难以控制。②盖网前必须进行土壤处理。盖网前须深翻晒垡,清洁棚室,同时用药剂处理地面,一般每667平方米用48%乐斯本乳油1000倍液喷洒畦面,以杀死残留在土壤中的害虫。③加强网室管理。生产期间网室要密封,网脚压泥要紧实,棚顶压线要绷紧,防止夏季大风掀开防虫网。平时进出棚室要随手关门,防止蝶、蛾飞入棚内产卵。同时,要经常检查虫网有无破洞、缺口,一旦发现破洞应及时修补,确保生长期间无害虫侵入。④选用银灰色网纱。可有效拒避个体较小的蚜虫。

**(4)病害稍重** 因采用防虫网覆盖,网内水分蒸发量小,且网内空气流通性差,浇水后或雨后易导致棚内较长时间保持较高湿度,因此较露地容易发生病害。其防治病害的措施:①棚内要采取深沟高畦的种植方式,畦沟必须深达30厘米。②棚外要有良好的排水系统,有效排除田间积水,降低植株根际温、湿度。③合理使用化学药剂。病害主要有锈病和煤霉病,可用20%粉锈宁2000倍液喷雾防治锈病,用70%代森锰锌 500～700 倍液或 70％甲基托布津 1 000 倍液喷雾防治煤霉病。注意每种药剂最多使用 2 次,安全间隔期为 7 天以上。

# 三、豇豆优良品种及栽培要点

## 69. 望丰早豇 80 有什么特点？其栽培技术要点是什么？

**(1) 特征特性**　植株蔓生，生长势强，分枝 3～4 条，主侧蔓均可结荚，但以主蔓结荚为主。主蔓在第二节开始结荚，侧蔓在第一节始花，花枝粗壮，长 38 厘米左右，结荚率高，每花序最多结荚达 6 个。叶片较小，叶较少，淡绿色。花淡紫色，嫩荚淡绿色。荚长 80 厘米左右、最长达 120 厘米，横径 0.8～1.2 厘米。单荚重 28～35 克。每荚有种子 18～22 粒，种皮褐红色，千粒重 180 克左右。春播全生育期 90 天左右，采收期 22～30 天。嫩荚长圆棍形，实心，肉厚，脆嫩，纤维少，不易老化，无鼓粒，无鼠尾，荚色嫩绿、均匀。主蔓在 2 片叶时即开花结荚，春播 45～50 天采收嫩荚，比之豇 28-2 早采收 10 天以上。每 667 平方米产嫩荚 2 500～3 000 千克，并且早期产量较高，比其他品种高 50%。较耐热和耐低温，对锈病、灰霉病和病毒病有较强的抗性。适合早春栽培。

**(2) 栽培要点**

一是整地施肥。重施基肥，一般每 667 平方米施腐熟农家肥 2 500～3 000 千克，饼肥 80～100 千克，高效三元复合肥 50 千克。深耕细耙后，整成 1.3 米宽的畦(含沟)。

二是合理密植。采用穴播，开深 3 厘米的穴，穴距 22～26 厘米。每畦播种 2 行，每 667 平方米播种 4 000～4 600 穴。每穴播种 4～5 粒，每 667 平方米用种量为 3～4 千克。

三是田间管理。出苗后，采取地膜覆盖的要及时划破地膜将苗子牵出，然后用土压好地膜缝隙，并及时间苗。每穴留

3 株,剔弱留强。当苗高 20 厘米后及时吊架或搭好人字架,引苗上架。结荚前苗期要以控为主,少浇水施肥或不浇水施肥。进入结荚期需施大肥浇大水,隔 5～7 天追肥 1 次,共追肥 3～4 次,以延长采收期。施肥时注意氮、磷、钾合理搭配,增加叶面施肥。花荚期需水量较大,如遇干旱应及时浇水,不然会造成落花落荚。生长中需注意及时摘除植株下部老叶,以利于通风透光。

### 70. 浙翠 1 号豇豆有什么特点?其栽培技术要点是什么?

(1)**特征特性** 蔓生型,主蔓长 3 米左右,以主蔓结荚为主,分枝少。生长势中等,三出叶较狭长、呈尖矛形,叶片较小,叶色墨绿。荚为淡绿色,平均长 60 厘米,单荚重 20 克左右。在第一至第三节位即可有花序,前 5 节有荚节位率为 60% 左右。嫩荚品质接近于之豇 28-2。种子百粒重 14 克左右,红色、肾形。早熟性强,可以在 1～3 节位着生花序,平均在第三节位左右即可结荚,同期播种初花期和初收获期比之豇 28-2 提前 5 天左右。结荚率高,节间相对较短,每节 1 个花序,每个花序结荚 2～4 个,尤其第二至第四节位结荚能力特别强,一般每个花序结荚 3～4 个;而且连续结荚能力强,花期保证肥水供应,可以连续开花结荚。商品性佳。荚为淡绿色,荚形美观,荚条较直,上下粗细均匀一致,无鼠尾。肉质肥厚,粗纤维含量很少,不易老化。其主要特点和优势是早熟性强,早期产量高。同期播种,始收期比之豇 28-2 早 1～5 天,早期产量成倍增加,经济效益显著。

(2)**栽培要点**

一是栽培方式。可实行保护地早春栽培。

二是施足基肥,深耕细作。播种田应深耕 20～30 厘米,使土层深厚、疏松并提高地温。播种前施足基肥。豇豆对磷、钾肥要求较多,增施磷、钾肥有利于开花结荚。一般每667平方米可施腐熟农家肥1500～2000千克,钙镁磷肥50千克,草木灰50千克做基肥。一般把基肥施在畦中间,在畦的中部开沟,施入基肥后再覆盖地膜(大部分采用黑色地膜),可以防止杂草生长。

三是合理定植。由于该品种以主蔓结荚为主,分枝少,叶片小,有利于通风透光,因此可以适当密植,一般行距为75厘米,株距为25～30厘米,每穴播3株苗。定植前天晚上浇透水,选择植株高度一致、长势相当的3株一起定植。定植时要注意保护好根系,避免碰伤或弄断根系,否则会延长缓苗时间和拖延采收时间。定植后要浇定植水,要一次性浇透。

四是吊架引蔓和植株调整。在大棚里栽培,可以采用悬吊吊绳搭架,要保证吊绳的粗度,防止拉断。抽蔓后要经常引蔓,使茎蔓均匀分布在架上。引蔓一般在晴天下午进行。

及时整枝、抹芽、摘心可以节约养分,改善群体通风透光性能,调节秧、果平衡。主蔓第一花序以下的侧芽要及早彻底抹去,以保证主蔓粗壮。打顶一般在晴天上午进行。

五是肥水管理。缓苗后要勤中耕除草、松土保墒,使植株生长健壮。苗期缺水,往往引起叶片变黄脱落。苗期灌水过多,容易引起营养生长过旺,第一花序着生节位升高。一般在肥水管理上要掌握"苗期少,抽蔓前控,结荚期促"的原则,以防止前期茎蔓徒长,后期早衰。结荚期保持地面湿润。由于栽培床上覆盖了地膜,追肥不易,因此一般应施足基肥,同时每667平方米可施入25～50千克复合肥,待开花结荚后,可在地膜边缘开沟(穴),每667平方米追施复合肥或尿素等15～25千克,也可追施腐熟人、畜粪肥,施后覆土。在生长中后期可用刀从地膜中部纵向划破,在裸露地表处追施肥料,以利于高产。

# 四、豇豆病虫害防治

## 71. 如何识别和防治豇豆煤霉病?

【症　状】　豇豆煤霉病又称叶霉病,可危害叶片、茎蔓及豆荚。叶片染病时,先在叶面出现赤褐色或紫褐色病斑,大小为 0.5~2 厘米,边缘界限不明显。天气潮湿时,在病斑的背面长出紫褐色至灰褐色的霉层。茎和豆荚染病,出现长椭圆形或不规则形褐色病斑,潮湿时在病斑上亦长出霉层。病害严重时可使植株中下部大量叶片或茎蔓枯干。

【发生规律和发病条件】　病菌以菌丝块随病残体在土壤中越冬。翌年春季,温度回升兼有降水和高湿度,菌丝块便可长出分生孢子梗和分生孢子。分生孢子通过气流传播,有适宜的温、湿度即可萌发并长出芽管进行初侵染。初侵染发病后又长出大量新的分生孢子,通过传播可进行频繁的再侵染。

高温、多雨、多雾的潮湿天气最有利于此病的发生和流行。土质黏重、地势低湿、管理粗放或豆类连作均有利于发病。

【防治方法】　①避免豆科作物连作。②加强栽培控病措施。采收后应彻底清除并销毁田间病残体。翻晒土壤,可减少菌源。高畦深沟种植,结合整地施足优质有机基肥,整平畦面。生长期适当增施磷、钾肥。开花结荚后适当清除底部病叶、残叶和老叶,以利于通风透光降湿。③药剂防治。发病初期可选用:50%多菌灵可湿性粉剂 500 倍液,70%甲基托布津可湿性粉剂 800~1 000 倍液,30%氧氯化铜悬浮剂 500 倍液,40%多硫悬浮剂 400 倍液喷雾。隔 7~10 天喷 1 次,连续喷 2～3 次。

## 72. 如何识别和防治豇豆疫病与细菌性疫病？

【症　状】　豇豆疫病主要危害茎蔓、叶和豆荚。茎蔓发病，多发生在节部，初呈水渍状，无明显边缘，病斑扩展绕茎一周后，病部缢缩，表皮变褐色，病茎以上叶片迅速萎蔫而死亡。叶片发病，初生暗绿色水渍状圆形病斑，边缘不明显，天气潮湿时，病斑迅速扩大，可蔓延至整个叶片，表面着生稀疏的白色霉状物，引起腐烂。天气干燥时，病斑变淡褐色，叶片干枯。豆荚发病，在豆荚上产生暗绿色水渍状病斑，边缘不明显，后期病部软化，表面产生白霉。

豇豆细菌性疫病主要危害叶片，也危害茎和荚。叶片受害，从叶尖和边缘开始，初为暗绿色水渍状小斑，随病情发展，病斑扩大呈不规则的褐色坏死斑，病斑周围有黄色晕圈。病部变硬，薄而透明，易脆裂。叶片干枯如火烧状，故又称叶烧病。嫩叶受害，皱缩、变形，易脱落。茎蔓发病，初为水渍状，发展成褐色凹陷条斑，绕茎一周后致病部以上枯死。豆荚发病，初为褐红色，后出现稍凹陷的近圆形斑，严重时豆荚内种子亦出现黄褐色凹陷病斑。在潮湿条件下，叶、茎、果实病部及种子脐部常有黄色菌脓溢出。

【发病原因】　豇豆疫病属真菌性病害。由豇豆疫霉菌侵染所致。病菌以卵孢子、厚垣孢子随病残体在土中或种子上越冬，借风雨、流水等传播。温度为 25℃～28℃、天气多雨或田间湿度大时，会导致病害的严重发生。此外，地势低洼、土壤潮湿、种植过密、植株间通风透光不良等，也会导致病害严重发生。

豇豆细菌性疫病属细菌性病害。由豇豆细菌疫病黄单胞菌侵染所致。病菌在种子内和随病残体留在地上越冬。带菌种子萌芽后,先从其子叶发病,并在子叶产生病原细菌,通过风雨、昆虫、人、畜等传播到植株上,从气孔侵入。高温、高湿、大雾、结露有利于发病。夏秋天气闷热、连续阴雨、雨后骤晴时,病情发展迅速。管理粗放、偏施氮肥、大水漫灌、杂草丛生、虫害严重、植株长势差等,均有利于病害的发生。

【防治方法】 豇豆疫病的防治方法:①与非豆科作物实行3年以上轮作。②选用抗病品种,对种子严格消毒处理,可用25%甲霜灵可湿性粉剂800倍液浸种30分钟后催芽。③采用深沟高畦、地膜覆盖种植。④避免种植过密,保证株间通风透光良好,降低地面湿度。⑤防治疫病关键技术是发病初期施药,每7天防治1次,连续防治3次;施药方法采用灌根与喷雾相结合,同时进行。一般每穴灌药液200~300毫升。可选用药剂有:72.2%普力克水剂1000倍液灌根,800倍液喷雾;64%杀毒矾可湿性粉剂800倍液灌根,500倍液喷雾;58%甲霜灵锰锌(雷多米尔锰锌)可湿性粉剂800倍液灌根,500倍液喷雾;80%大生可湿性粉剂600倍液灌根,400倍液喷雾等。

豇豆细菌性疫病的防治方法:①选择排灌条件较好的地块,与非豆科作物实行3年以上轮作。最好与白菜、菠菜、葱蒜类作物轮作。②选用抗病品种,播前用福尔马林200倍液浸泡种子30分钟,或用农用硫酸链霉素4000倍液浸泡2~4小时,再用清水洗净。或用55℃温水浸种10分钟。③适时播种,合理密植。④科学进行肥水管理,及时防治病、虫、草害,增强植株抗性。⑤药剂防治。可用72%农用链霉素可溶性粉剂3000~4000倍液,或77%可杀得可湿性微粒粉剂500倍液,或14%络氨铜水剂300倍液,或65%代森锰锌可湿性粉剂500倍液,或47%加瑞农可湿性粉剂800倍液喷雾防治。隔 7～10 天喷 1 次,连续喷 2～3 次。注意以上农药的安全间隔期。

### 73. 如何识别和防治豇豆根腐病?

【症　状】　病菌主要侵染根部和茎基部,一般出苗后 7 天开始发病,20～30 天进入发病高峰。先是植株下部叶片变黄,病部产生褐色或黑色斑点,由侧根蔓延至主根,致使整个根系腐烂或坏死。病株易拔起,纵剖病根可见维管束呈红褐色,病情扩展后向茎部延伸。主根全部染病后,地上部茎叶萎蔫或枯死;湿度大时,病部产生粉红色霉状物,即病菌的分生孢子。

【病　原】　病原菌为真菌,属半知菌亚门,荷兰豆腐皮镰孢菌。病菌还能产生近圆形、淡褐色的厚垣孢子,着生于菌丝顶端或节间。生长适宜温度为 29℃～30℃,温度范围为 13℃～35℃。

【发病规律】　该菌是一种弱寄生菌,以菌丝体或厚垣孢子在病残体或土壤中越冬。病菌可在病残体、厩肥及土壤中存活多年,无寄主时亦可腐生 10 年以上。此病种子不带菌,初侵染源主要是土壤、病残和带菌有机肥。病菌接触生理状况不良的植株根部即行初侵染,从寄主地下伤口处侵入,导致根部皮层腐烂。分生孢子通过农事作业、雨水及灌溉水等传播蔓延,生长季节只要条件适合,可连续多次进行再侵染。施用未腐熟的有机肥、追肥时撒施不均匀使植株根部受伤害,地势太低、土质黏重、雨后不及时排水均易引起植株的生理损害,有利于病菌侵染和发病。

【防治方法】　①选用抗病品种,如之豇 844、早生王、华豇 4 号、春宝、龙星 90、绿领 8 号等。②与非豆科作物实行 2 年以上轮作;做深沟高畦,防止积水;加强田间管理,增施磷、钾肥,提高植株抗病力。利用塑料大棚、地膜覆盖、育苗移栽种植豇豆,可大大减轻豇豆根腐病的发生。③播种前7～10天,选择阴天或晴天傍晚,用竹醋130倍液处理土壤,或用保得土壤接种剂20～40克与基肥混施穴内或加水作为定根水灌浇。④根腐病是土传病害,一定要提前灌药预防,在发病后用药,效果较差。可用50%多菌灵可湿性粉剂800倍液,或15%恶霉灵水剂450倍液,或45%敌磺钠可湿性粉剂500倍液,或2.5%适乐时100倍液浇淋植株基部或灌根。在出苗后7～10天或定植缓苗后,开始第一次施药,每株250毫升,每7天喷1次,连续喷3次,可有效地预防根腐病的发生。

### 74. 如何识别和防治叶斑病?

【症　状】　豇豆叶斑病常见的有煤斑病(赤斑病)、褐缘白斑病(斑点病)、灰褐斑病和褐轮斑病等4种,其中以煤斑病发生较多。

煤斑病侵染时,豇豆叶面初生赤褐色小斑,后扩展成近圆形或不规则形、无明显界限的病斑,大小1～2厘米,有时汇合成大斑。

褐缘白斑病病斑穿透叶的表面,斑点较小,圆形或不规则形,周缘赤褐色、微凸,中部褐色,后转为灰褐色至灰白色。

灰褐斑病和褐轮纹斑病的病斑与褐缘白斑病均有明显的同心轮纹。以上4种叶斑病的病斑背面均生有灰黑色的霉状物,其中以煤斑病产生的霉状物较多且较浓密,其他的叶斑病产生的霉状物则较少较稀。

【传播途径及发病条件】　豇豆4种叶斑病均是由鼠尾孢属的真菌侵染所致。病菌以菌丝块(霉层)附着在豇豆植株的病残体上在田间越冬。第二年春季,条件适宜时即可产生分生孢子,随气流、浇水传播进行初侵染,引起发病。以后在田间可多次侵染,引起不断发病。当温度在 25℃～30℃、相对湿度在 85% 以上时,易引起发病。保护地内通风不良、高温高湿及露地条件下夏季高温多雨均是发病的重要条件,重茬地易发病。

【防治方法】 ①农业防治。合理密植,适当加大行距,改善田间的通风透光条件。保护地栽培要采用高畦定植,地膜覆盖,适时通风、降温、排湿,防止田间湿度过大;多施腐熟的有机肥,增施磷、钾肥,提高植株的抗病性;田间要清洁,发病初期及时摘除病叶,拉秧时彻底清除残体,集中烧毁,减少病源。②药剂防治。注意早治,发病初期可用 1:1:200 波尔多液,或 50% 多菌灵可湿性粉剂 500 倍液,或 50% 甲基托布津可湿性粉剂 500 倍液,或 75% 百菌清可湿性粉剂 600 倍液,或 58% 甲霜灵锰锌可湿性粉剂 600 倍液交替喷雾,每隔 5～6 天喷 1 次,连喷 3 次。

### 75. 如何识别和防治花叶病?

【症　状】 豇豆花叶病又称病毒病,近来发病逐年加重,特别是露地晚茬豇豆,发病尤为严重,造成大幅度减产。植株受害后,上部叶片褪绿,形成黄绿相间的花斑,叶片扭曲畸形、叶缘不卷,叶型缩小,植株生长受抑制,株型矮小,开花结荚明显减少。

【传播途径及发病条件】 豇豆花叶病是由病毒侵染形成的病害。毒原主要来源于越冬豆科作物和种子,豇豆生长期主要由蚜虫传播侵染。高温干旱、蚜虫发生重是此病害发生的重要条件。

【防治方法】 ①选用抗病品种,如之豇28-2、铁线青等。②农业防治。建立无病留种田,加强田间管理,保证肥水供应,尽量避免高温干旱出现,促使植株生长健壮,可减轻发病。③防治蚜虫。生长期间尽量避免蚜虫为害,发现蚜虫及时用药防治。常用的药剂有10%吡虫啉可湿性粉剂2 000倍液,或20%杀灭菊酯乳油8 000倍液喷雾。④钝化病毒。发病初期,每667平方米可用20%病毒A 150克对水60升,或1.5%植病灵800倍液,或抗病毒剂1号300倍液喷雾,整个生长期喷3次,可减轻危害。

## 76. 如何识别和防治豆野螟?

豆野螟属鳞翅目螟蛾科,俗名豇豆荚螟。

【为害特点】 主要为害豇豆等豆科蔬菜。以幼虫蛀食蕾、花、荚和嫩茎,造成落花、落蕾、落荚和枯梢。幼虫蛀食后,荚内及蛀孔外堆积粪粒,影响质量。

【形态特征】 成虫体长11毫米左右,体灰褐色。前翅烟褐色,自外缘向内有大、中、小白色透明斑各1块。后翅近外缘1/3处烟褐色,其余大部分为白色、半透明,有3条淡褐色纵线。卵扁平椭圆形,淡黄色,表面有六角形网纹。幼虫体长15毫米,淡黄褐色,头顶突出。

【生活习性】 成虫白天隐蔽在植株下部不活动,夜间飞翔,有趋光性。雌蛾主要产卵于花的花瓣、花托和花蕾上,嫩荚次之,还可产在嫩的梢、茎和叶上。卵散产,6~7月份卵期2~3天。幼虫共5龄,幼虫期8~10天,初孵幼虫经短时间活动即钻蛀花内为害。3龄后幼虫蛀食豆粒,粪便排于虫孔内外。一般在卵高峰后10天左右出现蛀荚高峰。幼虫有多次转荚为害习性,老熟后在被害植株叶背主脉两侧或在附近的土表或浅土层内做茧化蛹,蛹期8~10天。

【防治方法】 ①农业防治。清洁田园,及时清除田间落花,摘除被害的卷叶和果荚,集中处理,杀死幼虫。利用黑光灯诱杀成虫。②药剂防治。从现蕾开始及时喷洒药剂,可选用的药剂有80%敌敌畏乳油1 000倍液,10%氯氰菊酯乳油4 000倍液,5%抑太保乳油2 000倍液。喷药时间以上午闭花前为宜,重点喷蕾、花、嫩荚及落地的花。

## 77. 如何识别和防治茶黄螨?

茶黄螨又名茶跗线螨,属蜱螨目,跗线螨科。国内分布较普遍。该虫食性极杂,主要为害辣椒、番茄、茄子、豇豆、黄瓜、萝卜、白菜等蔬菜。

【形态特征】 雌螨长约0.21毫米,椭圆形。腹部末端平截,淡黄色至橙黄色,表皮薄而透明,因此螨体呈半透明状。足4对,较短。雄螨与雌螨相似,但腹末为圆锥形、长0.19毫米,足较长而粗壮。卵椭圆状,无色透明,表面具纵列瘤状突起。幼螨体背有一白色纵带,足3对,腹末端有1对刚毛。

【为害症状】 成螨和幼螨集中在作物幼嫩部分刺吸为害,受害叶片背面呈灰褐色或黄褐色、具油脂光泽或油浸状,叶片边缘向下卷曲;受害嫩茎、嫩枝变黄褐色,扭曲畸形,严重者植株顶部干枯;受害的蕾和花,重者不能开花、坐荚;荚果受害,荚柄及果皮变为黄褐色,丧失光泽,木栓化。豇豆受害严重者落叶、落花、落荚,大幅度减产。由于螨体极小,肉眼难以观察识别,上述特征常被误认为生理病害或病毒病害。

【发生规律】 在温室条件下,全年均可发生,但冬季繁殖能力较低。茶黄螨以两性生殖为主,也能孤雌生殖,但未受精卵孵化率低。卵散产于嫩叶背面、幼果凹处或幼芽上,经2~

3天孵化,幼螨期2~3天,若螨期2~3天。茶黄螨发育繁殖的最适温度为16℃~23℃,相对湿度为80%~90%。成螨活泼,尤其雄螨更活泼,当取食部位变老时,携带雌若螨立即向新的幼嫩部位转移。雌若螨在雄螨体上蜕1次皮变为成螨后,即与雄螨交配,并在幼嫩叶上定居下来。该螨虫由于具有这种强烈的趋嫩性,所以有"嫩叶螨"之称。卵和幼螨对湿度要求高,只有在相对湿度为80%以上时才能发育。因此,温暖多湿的环境有利于茶黄螨的发生。

【防治方法】 ①消灭虫源。铲除、消灭温室周边和温室里的杂草。蔬菜收获后及时清除枯枝落叶,进行高温堆肥。②加强越冬防治。对进行冬季生产的温室、大棚仔细调查,发现后立即喷药,就地消灭,杜绝虫源。③药剂防治。茶黄螨生活周期较短,繁殖力极强,应特别注意早期防治,在豇豆初花期开始喷药,每10~14天喷1次,连续喷3次。可选用73%克螨特乳油2 000倍液,或25%灭螨猛可湿性粉剂2 000倍液,或10%除尽悬浮剂2 000倍液,或2.5%天王星乳油3 000倍液,或5%卡死克乳油2 000倍液等药剂交替喷雾使用。

# 五、豇豆生理障碍防治

## 78. 豇豆育苗期间常出现沤根和烧根是什么原因？如何防治？

**（1）沤　根**　是一种生理性病害。

【症　状】　发生沤根时，根部发锈，根尖变黄，不发新根，严重时根皮腐烂，幼苗变黄萎蔫。

【发病原因】　地温长期在 10℃ 以下，土壤过湿，遇上连阴天或连阴天前浇大水均易引起沤根。

【防治办法】　主要是改善育苗条件，保证育苗的地温，播种和原苗培育应在温床内电热温床上进行。注意连阴天不要浇水，以防止土壤过湿。注意松土，促进水分蒸发，提高地温。

**（2）烧　根**　是一种生理病害。

【症　状】　发生烧根时，根尖发黄，不生新根，但不烂根。地上部生长慢，矮小脆硬，形成小老苗。

【发病原因】　施肥过多、土壤干燥均可造成烧根，施未腐熟的有机肥也易发生烧根。

【防治办法】　要用腐熟的有机肥配床土。施化肥不要过量。已发生烧根时，要增加灌水量。

## 79. 豇豆落花落荚、空蔓的原因是什么？如何防止？

豇豆结荚节位的高低、序成性、坐荚率等特性虽因品种本身特性而异，但极易受到环境（包括自然环境、栽培环境和管理措施）的影响，尤其是落花落荚对环境更敏感。

【落花落荚的原因】　豇豆植株的花穗和花蕾较多，但豇豆本身落花相当严重,成荚率很低。据初步观察,4～8月,同一品种随着播种期推迟结荚率降低,结荚率为15%～40%。落花落荚的原因主要有两个:①营养生长与生殖生长不相适应。豇豆进入开花结荚期一方面抽花穗结荚,另一方面继续茎叶生长、发展根系和形成根瘤,由于生长量大,生长更迅速,茎叶生长和开花结荚的相互关系比较复杂。开花结荚前期,如植株生长过旺,使叶与花之间、花与花之间、果荚与果荚之间争夺养分,导致落花落荚。开花结荚后,若植株生长状况差,营养不良,尤其是豆荚开始盛收需要更多的肥水时,植株却脱肥脱水,就会落花落荚。②豇豆各生育期受环境的影响所致。豇豆喜温耐热,对低温反应敏感。植株生长最适温度为20℃～25℃,能适应30℃～40℃的高温,但10℃以下生长发育受阻,5℃以下受害。开花结荚最适温度为25℃～28℃,35℃以上结荚力下降。开花结荚期要求有充分的光照条件。幼苗期至初花期需水少,要注意蹲苗,促进根系生长。初花期对水分特别敏感,水分过大,极易徒长,引起落花。结荚期则需大量水分,若此时高温干旱,常造成落花落荚。田间积水土壤湿度过大,不利于根系和根瘤活动,甚至烂根,引起叶片发黄脱落,导致落花落荚。生长期间适宜的空气相对湿度为55%～60%。夏、秋季为虫害高发季节,尤其烟青虫、豇豆螟等对豇豆的花蕾、豆荚为害极大,如不及时防治将引起大量的落花落荚,甚至绝收。幼苗生长初期,花芽分化遇到低温,直接影响开花结荚。开花期遇到过低或过高的温度、空气或土壤的湿度过大或干旱、光照太弱以及病虫害等,都是引起落花落荚的重要原因。

【结荚节位升高的原因】 一般中晚熟品种结荚节位较高,但早熟品种在苗期徒长、初花期生长过旺时也会使结荚节位升高。

豇豆苗期,在 1～3 片复叶、正值花穗原基开始分化时,如遇过低温度,其分化受阻,影响基部花穗形成。

开花结荚前,尤其是苗期、初花期对水分特别敏感,如肥水过多,特别是氮肥过多,使蔓叶生长旺盛,开花结荚节位升高,延迟开花结荚,花穗数目减少,侧芽萌发,或落花落荚、病虫危害等易形成空蔓。

【防止办法】 ①培育壮苗,早春防止幼苗受低温危害。②合理密植,一般大行距为 80 厘米,小行距为 50～60 厘米,穴距为 20～25 厘米。春季每穴播 3～4 粒种,秋季每穴播 4～5 粒种。及时搭高架,在蔓长为 30～40 厘米时及时引蔓上架。③植株现蕾前后,要适当控制蔓叶生长。注意温、湿度管理,防止温度和湿度过高过低,以保墒为主,促根控秧,为丰产奠定基础。④结荚以后,则要求有良好的蔓叶生长,与开花结荚相适应。此期要连续重施追肥,一般每采收 2～3 次,每667 平方米追施稀人粪尿 1 500 千克或尿素 15 千克,硫酸钾15 千克,还可促进翻花,提高产量。追肥、浇水要掌握好促控结合,合理使用氮肥,早期不偏施氮肥,现蕾前少施氮肥,要增施磷、钾肥,以防止茎叶徒长,造成田间通风透光不良,结荚率下降。结荚期和生长后期必须追施适量的氮肥,以防止早衰。⑤开花期及时防治病虫害,促进植株健壮,尤其对豇豆螟的防治,可用除尽 1 500～2 000 倍液,卡死克 1 500～2 000 倍液,阿维菌素 1 500～2 000 倍液等轮换喷洒,严禁施用剧毒农药。使用中要掌握"治花不治荚"的原则,在早晨豇豆闭花前(约10 时前)喷药防治为好。开花期喷施少量生长调节剂,一般喷施 5～25 毫克/千克萘乙酸或 2 毫克/千克对氯苯氧乙酸,在一定程度上可以防止落花落荚,提高成荚率。⑥及时采收,防止果荚之间争夺养分。

### 80. 豇豆栽培怎样防止出现"铁石豆"？

"铁石豆"，又叫"贼豆子"、"硬实豆"，在各种豆类作物的种子中都占有一定的比例。其中，豇豆种子最易出现。据调查，豇豆种子中的"铁石豆"最多的达 12%。这种豆粒在浸种过程中不吸水，直播时不出苗，直接影响出苗的整齐度。

产生"铁石豆"的原因多是采收后的种子在强光下暴晒，或经人工高温急剧干燥处理，使豆粒中水分过快丧失，干燥过度，种子皮层细胞失去活性，又继续在干燥环境中贮藏，致使播种后或浸种时不吸水膨胀。单纯的贮藏条件过分干燥，也会造成种子含水量过低，致使部分种子成为"铁石豆"。

有效的防治方法是：采种后不暴晒，晾晒干后放在通风、阴凉、低温的条件下贮藏。带种皮阴干，播种时脱粒，也是防止"铁石豆"的好方法。

在播种或育苗前要进行浸种，及时剔除不吸水的"铁石豆"，才能保证出苗整齐。

### 81. 豇豆荚果几种形态异常现象发生的原因是什么？

**(1)鼠尾**　豆荚远离果梗一端（俗称"尾部"），与豆荚其他部位相比呈明显细小状的现象称做"鼠尾"，其在豇豆生产中较为常见。一般发生在植株上部豆荚。在开花结荚后期，植株同化能力下降，根系活力衰退，豆荚间竞争养分加剧，造成鼠尾；授粉受精时环境温度过高，造成远端受精不良，种子发育不良，生长量降低，造成鼠尾。一些挂荚较多的早熟品种如之豇 28-2 等在肥水不足和高温时较易发生鼠尾。发生鼠尾现象后，豆荚商品性状变差，市场销量降低。

**(2) 鼓粒** 鼓粒现象是指豆荚在达到食用成熟度之前其种子明显鼓起,而荚内显得单薄的现象。一些品种如之豇28-2等在水肥不足时,易发生鼓粒现象,属异常现象。其实质是在荚内充分生长之前,生长中心就转移到种子上去了,在不适情况下要优先保证种子发育。异常鼓粒严重时,影响豆荚商品品质和产量,且易引起植株早衰。鼓粒现象主要受遗传影响,营养状况和环境条件不适可加剧发生。

**(3) 弯曲** 长豇豆豆荚发育时形成扭转弯曲的现象。卷曲是少数品种的特性,如圈圈豆、蛇豆等。大多数品种豆荚是直条形的,偶尔发生卷曲。属异常现象大致有 3 种情况:一是开花后 1～2 天,对荚幼荚从花冠伸出时连体,导致卷曲;二是远轴端脱离花瓣时受阻力较大而形成卷曲;三是幼荚一侧(多为膜面)受伤(如虫害)而使其生长速度不及另一侧形成弯曲,生长量的累加,使弯曲更趋严重。第一种情况发生较少,弯曲度较小。第二种情况易形成豆荚中间"对折线",使荚条不直,影响成荚速度和商品品质。第三种情况发生较多,弯曲度最大,使豆荚丧失商品价值。

# 六、豇豆种植新模式

## 82. 什么是大棚早春豇豆套种绿叶菜高效栽培技术模式？

由于大棚结构简单、造价低、作业方便，深受菜农欢迎。寿光市稻田镇菜农通过两年摸索，早春豇豆套种绿叶菜栽培模式获得成功，经济效益显著，每 667 平方米产值 4 500～5 500 元。其栽培技术要点如下。

**(1)茬口安排** 大棚头一年 11 月份扣棚，浇透水，追施有机肥 4 000 千克做基肥。翌年 1 月中旬直播油白菜、茼蒿，2 月 15 日出苗，3 月 20 日采收上市，经济效益显著。每 667 平方米油白菜收入 1 500 元，茼蒿 2 200 元。3 月上中旬点播豇豆。

**(2)品种选择** 油白菜选当地主栽品种，茼蒿选大叶茼蒿，豇豆选择之豇 28-2、特早之豇 30、绿豇 90 等品种。

**(3)播种** 豇豆浸种 8 小时，3 月上中旬点播，按小高畦宽行 80 厘米、窄行 40 厘米、株距 25 厘米穴播，每穴点播 3～4 粒。

**(4)田间管理**

绿叶菜：直播田要求 3 叶期间苗，4 叶期定苗，株距 4 厘米。施肥以氮肥为主。结合墒情适度浇水，以保持土壤湿润。油白菜、茼蒿间苗后 15 天左右施 1 次薄肥，每 667 平方米随水追施三元复合肥 10 千克。注意蚜虫、小白菜黄叶病的防治。

豇豆：3 月上旬点播，白天温度控制在 20℃～25℃，夜间 15℃。待绿叶菜 3 月 20 日采收后，每 667 平方米结合豇豆栽种的行距做畦追三元复合肥 25 千克。若缺苗应及时补栽。待 3～4 片叶时结合插人字架浇 1 次抽蔓肥水。此后控水肥蹲苗,防止茎蔓徒长和落花落荚。开花前 3～5 天追施化肥 1次,每 667 平方米对水浇施 3～5 千克尿素,2～3 千克钾肥,并清除田间杂草,以利于豆荚生长。现蕾期和结荚期用磷酸二氢钾 300 倍液、尿素 200 倍液交替喷施,每 7 天喷 1 次叶面肥。4 月初随着大棚内温度的升高,加大通风量,4 月中旬揭棚膜。注意防治豇豆锈病,可用 25% 粉锈宁可湿性粉剂 2 000 倍液喷洒。

**(5)采收** 5 月中旬采收豇豆,每 667 平方米产量为 2 500千克,产值 4 200 元,填补了北方蔬菜淡季供应。

### 83. 日光温室越冬茬苦瓜套种豇豆栽培模式包括哪些 技术要点?

利用日光温室栽培越冬茬苦瓜,春季在苦瓜畦中套种豇豆是近几年寿光市推广的一项高效复种模式。苦瓜作为主栽品种,一般每 667 平方米产量为 8 000～10 000 千克。套种豇豆一般年份每 667 平方米产量 2 500 千克。产值可达 25 000元以上。

**(1)越冬茬苦瓜种植技术**

品种:选用寿光中绿、疙瘩绿等。

施肥:①沟施麦秸。在 7～8 月份,按定植的行距挖 60厘米深、60 厘米宽的沟,然后在沟内填麦秸或其他秸秆 40～50 厘米厚,每沟中加入碳铵 150～200 克,然后覆土、封沟、浇水。②按要求每 667 平方米施入腐熟鸡粪 10 立方米,腐殖酸肥 250 千克,磷酸二铵 50 千克,硫酸钾 50 千克或硫酸钾复合肥 100 千克。

播种时间：9月中下旬播种，苗期以控上促下为主，适当蹲苗。

结瓜期管理：①深冬严寒季节，白天温度控制在 26℃～28℃，晚上控制在 13℃～14℃。冲施肥料多以腐殖酸型肥料为主，它能起到提高地温、疏松土壤、促进生根、提高抗病能力等作用，使用后效果较好。②翌年 2 月下旬后，随着气温回升，通风应逐渐加大，浇水次数增多，投肥量也应加大。③冬季通风少，棚内施放二氧化碳气肥效果较好。

**(2) 套种豇豆种植技术**　视苦瓜秧的长势好坏确定播种豇豆的时间。如果苦瓜早衰严重或死秧多，可早播；反之，则晚播。最早可于翌年 2 月初播种，到 4 月初苦瓜价格下降时，豇豆已开始收获。到 5 月初，已到豇豆收获第一个高峰，价格又高，可以取得高效益。

套种的豇豆选用 901、三尺绿等产量高、品质优、结荚早、嫩荚生长速度快、商品性好的品种。2 月中旬播于苦瓜植株之间，每 667 平方米播 4 000 穴，大小行距 80 厘米×40 厘米，穴距 30 厘米，每穴播植 2～3 株。

苗期管理：①播种至开花应严格控制浇水，如果不是过于干旱尽量不浇水。②打顶，壮秧，促早结荚。由于豇豆与苦瓜间作，在通风透光差的条件下势必造成秧子徒长、蔓细。所以前期应连续打顶，控制其顶端优势，防止徒长，促秧苗粗壮、侧枝增多，有利于提早结荚，并增加产量。

结荚期管理：视秧情和价格变化情况进行管理。如苦瓜价格好，产量也高，就以生产苦瓜为主、豇豆为次。至 5 月 1日后，瓜价低、秧子衰，可逐步拔除瓜秧以生产豇豆为主、苦瓜为次，以后逐渐通风掀膜进入豇豆生长旺季。

# 第三部分　荷兰豆

## 一、荷兰豆育苗技术

### 84. 荷兰豆播种前为什么要进行低温春化处理？怎样处理？

荷兰豆在低温长日照条件下迅速发育，开花结荚。荷兰豆播种前进行种子低温处理，可以促进花芽分化，降低花芽节位，提早开花，提早采收，增加产量。大棚、日光温室等保护地秋延迟或秋冬茬栽培，因苗期处在光照时数长、气温高的环境中，必须进行低温春化处理。

荷兰豆一般在5℃左右的低温条件下可促进发育，对其进行2℃低温处理。在20天范围内，处理时间越长，降低花序着生节位、促进早开花的效果越明显。若处理20天以上，与不处理的差异就小。因此，进行种子处理，一般以0℃～5℃低温处理10～20天即可，低温处理前须浸种催芽。

低温处理的做法是：在播种前先用15℃温水浸种，水量以种子在容器内没顶为度，浸2小时后，上下翻动1次，使种子充分吸水，种皮发胀后捞出，放在容器内催芽，经过20小时左右，种子开始萌动，胚芽露出，而后在0℃～2℃低温条件下放置10天以上即可播种。

### 85. 怎样培育荷兰豆壮苗?

荷兰豆棚室生产,为延长前茬采收期,多采用育苗移栽方式进行栽培,每 667 平方米用种量为 6～7 千克。苗龄要求:秋冬茬育苗期温度高(20℃～28℃),需 20～25 天;越冬茬育苗期温度比较适宜(16℃～23℃),需 25～30 天;早春茬育苗期温度偏低(10℃～17℃),需 30～40 天。各茬次的具体育苗时间,可根据各地定植期温室温度状况来具体确定。

荷兰豆棚室栽培的适龄壮苗要达到 4～6 片真叶,茎粗而节间短,无倒伏现象。如苗龄小,不利于适时早收;苗龄大,植株易早衰,影响产量。

培育适龄壮苗,应注意搞好育苗营养土的配制(具体参阅本书第 52 问),采用塑料营养钵护根育苗,或割制营养土块进行护根育苗。播种时底水要足,早熟品种每穴播 4 粒种子,晚熟品种每穴播 2～3 粒种子,播种后盖土 4 厘米厚,覆盖地膜或报纸保墒。

播种后温度管理以 10℃～18℃为宜。此时出苗壮,出苗快,苗出得齐。温度低时发芽慢,应加强保温措施。如温度过高,白天达 30℃左右时,发芽速度快,但要保全苗应适当遮荫、降温、保湿。

子叶期温度宜低些,以 8℃～10℃为宜。从幼苗期到定植前温度以 10℃～15℃为宜。

定植前 5～10 天要降低温度,以利于荷兰豆完成春化过程的发育,温度保持 2℃左右。

育苗期一般不间苗,塑料营养钵应注意及时浇水,防止过于干旱。

# 二、荷兰豆栽培管理

## 86. 荷兰豆幼苗期、抽蔓期、开花结荚期的管理要点是什么？

**(1) 幼苗期管理要点** 从真叶展平到 5 片叶为幼苗期。这一时期,幼苗的生长特点是根系迅速伸长,并开始木栓化,有根瘤发生,而地上部生长相对稍慢。在植株营养生长的同时,也开始花芽分化。蔓生种播种后 25～30 天开始分化花芽,矮生种播种后 20 天左右开始分化。这一时期的管理中心是温度管理,白天保持 20℃～22℃,晚上 6℃～8℃;阴天白天保持 13℃～15℃,夜间不低于 5℃。为防止荷兰豆花序节位升高,这一时期应避免出现高温现象。持续的高温,引起花芽分化不良,造成后期的落花落荚。另外,要勤中耕,增加土壤透气性,促进根系生长,为高产打好基础。还应注意勤通风排湿,防止幼苗期因湿度过大而徒长或诱发病害。

**(2) 抽蔓期管理要点** 荷兰豆进入抽蔓期时,根系和地上部生长都比较旺盛。根系迅速发展的同时,根瘤菌已具备了良好的固氮能力。蔓生种此期地上部的生长量能达到全生育期一半以上的高度。矮生种迅速发棵,主茎长至最大高度,分枝迅速增加。荷兰豆抽蔓期也是花芽分化的主要时期,矮生种主茎分化结束,侧蔓分化仍在继续。这一时期的管理,以控制徒长为中心,白天温度保持 18℃～24℃,晚上 9℃～12℃,加大通风量,防止空气湿度过大。在一般情况下,不干旱不宜浇水。抽蔓期时间为 20 天左右。

**(3) 开花结荚期管理要点** 植株现蕾以后,抽蔓期结束,进入开花结荚期。开花结荚期茎蔓继续生长。抽生花序的节位因品种而异,早熟种一般在第五至第八节,中熟品种在第九至第十一节,晚熟品种在第十二至第十六节。同样的品种,在种子萌动以后,给予低温短日照条件,也可以提早抽生花序,所以北方引进南方品种,可以提早开花结荚。

荷兰豆开花结荚期,植株的营养生长和生殖生长同时进行,养分的需求量逐渐增加,特别是结荚后,同一植株茎蔓生长和开花争养分、花与荚果争养分的矛盾十分突出。为保证植株生长旺盛,开花和结荚均可得到足够的营养,这时的管理重点应放在水肥上,土壤要保持湿润,防止发生干裂。一般开花后浇水时,应补充少量化学肥料,以磷、钾元素为主。进入盛荚期前 5~7 天,还要补充氮素化肥,每 667 平方米施 20 千克,以保证豆荚鲜嫩和提高产量。

### 87. 延长荷兰豆收获期的管理技术要点是什么?

荷兰豆是冬、春季主食菜,它含有多种维生素和糖分,是人们喜爱的优质蔬菜品种之一。加强对荷兰豆中后期管理,可延长收获期,提高产量 20%~25%。要延长荷兰豆的收获期,就必须特别注重中后期的管理。其管理技术要点如下。

**(1)提高根瘤菌活力** 荷兰豆属蔓生卷须豆科作物,一生所需的营养大部分靠自身的根瘤菌供给,只需施少量氮肥和磷肥。生长中后期,根群日趋老化,根瘤增殖衰退,活力减弱,固氮能力差,所需要的养分入不敷出,就会出现提早缩蔓现象。因此,必须及时增磷、添钾、补氮。采收豆荚 3~4 次后,每 10~12 天补肥 1 次,每 667 平方米用腐熟人粪尿 250~300 千克、过磷酸钙 6~8 千克、草木灰 40 千克或三元复合肥 10~12 千克对水 750 升淋施。另外,每 25 天喷施叶面肥

0.2%磷酸二氢钾1次。

**(2)细心采荚护豆蔓** 由于豆蔓空心,壁薄、脆,采荚时应用剪刀细心剪下,从外至内,从上至下,逐层细心采剪,千万不要强拉硬扯,弄断豆蔓。

**(3)防旱排涝护根** 荷兰豆喜阴怕湿,遇旱时应适当淋水促根,但忌漫灌深灌,遇大雨或后期田间渍水,应迅速开沟排涝,防止根系腐烂,根瘤破裂而缩蔓。

**(4)及时防虫治病促后劲** 荷兰豆生长至中后期,因气温逐渐升高,容易发生潜叶蝇、豆秆蝇、蚜虫和白粉病、炭疽病等病虫害,可用80%敌敌畏500～600倍液或鱼藤精乳油1 000～1 200倍液除虫,用灭病威500～600倍液或50%甲基托布津800倍液防治病害,效果均较理想。

### 88. 如何根据荷兰豆的需肥特点科学施肥?

**(1)需肥特点** 荷兰豆对氮、磷、钾的吸收量,氮素最多,磷次之,钾最少。每生产1 000千克鲜豆荚需氮12～16千克,需五氧化二磷5～6千克,需氧化钾11～13千克。由于荷兰豆主根发育早而迅速,前期需肥量较多,施肥以基肥为主,追肥为辅,施用氮肥要考虑供氮状况,前期施氮肥不宜过多,否则会延迟根瘤的形成,造成茎叶徒长而落花落荚。因此,要增施磷、钾肥,以促进根瘤的形成,增强植株抗病性。

**(2)对土壤的要求** 对土质要求不严,pH为6～7.2的壤土或黏壤土均可,土壤pH小于5.5时易发病和降低结荚率。勿连作,以避免根系分泌物影响第二年根瘤的形成。

**(3)施肥技术** 整地时每667平方米施有机杂肥2 500～3 000千克,过磷酸钙20～25千克,尿素8～10千克,硫酸钾15～20千克或氯化钾20～25千克做基肥。根据长势,可在荷兰豆开花初期进行第一次追肥,收获期进行第二次追肥,每次用量为每 667 平方米施磷酸二铵 10 千克、硫酸钾 6 千克。结荚期最好进行根外追肥,每 667 平方米可用尿素 250 克加钼肥 20 克对水 30 升喷施,或用 1%～3%过磷酸钙溶液、0.1%～0.3%磷酸二氢钾溶液做叶面喷施。

### 89. 荷兰豆早春茬栽培的管理要点是什么?

早春茬 11 月中旬至 12 月上旬育苗,翌年 1 月上中旬定植,2 月上旬至 4 月下旬收获。其栽培管理要点如下。

**(1)栽培密度要合理**　定植时密度大小是棚室栽培的关键。一般蔓生种每 667 平方米密度为 3 000～3 600 穴,每穴留苗2～3 株;矮生种每 667 平方米密度为 6 000～7 000 穴,每穴 3 株。一般在畦中双行或 3 行定植,穴距 25～40 厘米,浇足底水,缓苗后及时中耕。

**(2)肥水管理要及时**　定植时浇足底水后,现花蕾前一般不浇水追肥,以中耕为主,促进根系伸长。

现蕾时开始冲施肥料,每 667 平方米施用三元复合肥 15～20 千克。地表发白时中耕保墒,具有控秧促蕾作用,以利于多开花。

第一花结荚、第二花凋谢后,是荷兰豆进入盛荚期的标志,此时肥水必须跟上,一般每 10～15 天追肥浇水 1 次,每 667 平方米施三元复合肥 15～20 千克。此期缺肥缺水会引起落花落荚现象。

**(3)温度管理适宜**　荷兰豆属半耐寒豆科蔬菜,棚室温度不宜过高。从定植到现蕾开花前,白天温度以 25℃～28℃为宜。如温度过高,应及时通风调整,夜间不低于 10℃。进入结荚期后,白天以 15℃～18℃、夜间以 12℃～14℃为宜,最低温度不低于 5℃,否则会引起落花落荚。

(4)支架  温室栽培多用蔓性或半蔓性品种,卷须出现时就要支架。一般用竹竿插单排主架。因荷兰豆蔓多又不能自行缠绕,故多用竹竿和绳相结合的方法来支架。其方法是:1米距离立 1 根竹竿,竹竿在上下 30 厘米左右缠绕 1 道绳子或细铁丝,让豆蔓相互攀援,再及时用短细绳束腰固定。

(5)植株调整  荷兰豆在温度较高季节播种,一般不用整枝,但有些品种,如美国大荚荷兰豆,在低温季节播种,则分枝大量增加,这时应调整枝蔓,每株留 3~5 条,将多余的分枝剪除。荷兰豆属连续开花、连续结荚作物,在株高 35 厘米以下结的荚果往往果形很差,商品性差。因此距地面 35 厘米以内的花和荚果要全部摘除,以促进营养生长;从 35 厘米以上开始留荚。

(6)采收  多数品种在开花后 8~10 天豆荚停止生长,种子开始发育,此时为适宜采收期。在节日前可略向后拖 2~3天采收,会提高产量,以利于集中上市。但一定要注意不能采收过晚,否则豆荚品质会下降。

## 90. 荷兰豆的秋延后栽培技术要点是什么?

大棚荷兰豆的秋延后栽培是利用其幼苗适应性强的特点,在夏季播种育苗,生长中后期注意保温,使采收期延长到冬季的栽培方式。

(1)播种时间  7 月份直播或育苗,9 月份即可开始采收,11 月上旬拉秧。

(2)品种选择  应根据大棚的有效生育期及前茬作物拉秧早晚选择品种。一般选择蔓生或半蔓生品种,因这些品种生育期较长、产量高。

**(3)直播育苗** ①直播方法。前茬作物收获后整地,施肥做畦后直播。播种前要施有机肥 5 000 千克,然后深翻、做畦。蔓生品种做成 1.5 米宽的畦播 1 行,半蔓生品种做成 1 米宽的畦播 1 行。②种子催芽。夏季高温期播种,一般花芽分化节位较高,催芽时必须进行低温春化处理,具体方法参阅本书第 84 问。播种采用穴播,穴距一般为 30～40 厘米,每穴播 3～4 粒种子。③播后管理。由于气温较高,播后幼苗出土快、生长快,应把大棚两侧薄膜揭开通风降温,出苗后中耕 2～3 次,促进根系生长,并严格控制肥水,防止茎叶徒长。育苗一般在 7 月中下旬进行,8 月份定植,苗期 20～25 天。

**(4)田间管理** ①肥水管理。育苗移栽的定植后 2～3 天浇缓苗水,然后中耕蹲苗,现蕾时结合浇水施入硫酸铵 15 千克,然后松土并进行最后一次培土,并及时插架。开花期切忌浇水,当部分幼荚坐住并开始伸长时,开始加强肥水管理,每隔 7～10 天浇水 1 次,隔 1 次水追施化肥 1 次,每 667 平方米施三元复合肥 20 千克。第一次采收后天气转冷,应减少浇水次数,一般可每 20 天浇 1 次水。为了保产,可用 0.3% 磷酸二氢钾或叶面宝或丰产素 5 000 倍液,或 0.15% 硼砂加植保素、爱多收 5 000 倍液,每 7～10 天喷叶面 1 次。如土壤缺水,可结合浇水每 667 平方米追施三元复合肥 20 千克。②温度管理。生长前期正值炎热夏季,要注意遮荫降温。播种后,要将大棚顶部和前窗的通风口全部打开昼夜通风。同时,可在棚膜上覆盖遮阳网或喷泥浆降温。9 月份以后,撤除遮阳网,清除棚膜上的泥浆,减少昼夜通风量。10 月中下旬,气温逐渐下降,应扣棚膜保温。扣棚初期,白天加大通风,夜间密闭。随着气温下降,逐渐减少通风。11 月后,在棚膜上加盖草苫保温。结荚期白天温度控制在 18℃～20℃,夜间 12℃～

15℃。③保花保荚。进入盛花期,如发现落花落果严重,可用5毫克/千克防落素溶液和2毫克/千克赤霉素溶液混合喷花。

**(5)病虫害防治** 对病虫害的防治要以防为主,以治为辅,用高效低毒的农药,严禁使用剧毒农药。主要的病害有褐斑病、白粉病,害虫有蚜虫、潜叶蝇。具体防治方法参阅本书第95问和第96问。

**(6)采收** 一般开花后8～12天采收。符合采收的豆荚标准是:荚长6～7厘米,厚0.55厘米,鲜嫩,青绿,不露仁,无畸形,无虫口,无病斑,无机械损伤,荚蒂不超过1厘米。采收时,蔓基部的豆荚要分批采收干净,以免遗漏使植株养分转入种子生长,造成上部落花,影响嫩荚发育而降低产量和品质。

### 91. 荷兰豆秋冬茬栽培应注意哪些问题?

秋冬茬荷兰豆8月下旬播种育苗(或9月上旬直播),9月中下旬定植(或定苗),10月下旬至翌年1月中旬收获。

秋冬茬荷兰豆的种植方法有两种:一是像越冬茬一样进行育苗移栽,另一种方法是直播。秋冬茬苗期高温多雨,大多数地区秋季豆苗有一段时间在露地生长。针对以上特点,在栽培技术上必须注意以下几点。

**(1)适宜深播** 为防干旱或雨水拍打,穴播后宜封堆覆盖,在种子上面覆土厚度达8～9厘米,待将出苗时或大雨拍打后,刮去土堆上3～4厘米厚的土,以利于出苗。株行距参照越冬茬,详见本书第92问。

**(2)注意扣棚膜时间** 为了使其完成春化阶段发育,豆苗须经受低温过程,需要2℃～5℃的低温时间5～10天,应在豆苗经过低温后再扣棚膜。但不宜扣得过晚,防止遇到大寒流冻坏豆苗。扣棚后注意大通风,防止棚内出现 25℃ 以上高温,使荷兰豆幼苗慢慢适应棚室温度条件。

**(3) 水肥管理要跟上** 秋季高温大棚要注意防止干旱,应及时浇小水,开花前不追肥。扣棚膜开花后水肥管理技术可参照本书第 92 问并灵活掌握。

### 92. 日光温室荷兰豆越冬栽培田间管理的主要技术要点是什么?

荷兰豆冬茬栽培在 10 月上中旬播种育苗,11 月上旬定植,12 月下旬至翌年 3 月下旬收获。这种方式在北方需要保温性能良好的日光温室,生产成本较高,所需技术复杂。但是上市期正值寒冬,蔬菜上市少,价格昂贵,经济效益可观。近年来,随着保护地生产的迅速发展,这种栽培方式在北方也迅速推广。其田间管理技术要点如下。

**(1) 保持适宜的温度** 荷兰豆越冬栽培在华北地区播种后,早霜降临,为了保持适宜的温度条件,应立即把日光温室的塑料薄膜扣上,白天大通风,夜间扣严塑料薄膜,温度保持在 15℃～18℃,以促进迅速出苗。

出苗后,白天保持 20℃ 左右,温度超过 25℃ 即应通风,避免 30℃ 的高温,夜间保持 10℃～15℃。荷兰豆的幼苗期和抽蔓期在 10～11 月份,此期华北地区气温不是很低,只要及时关闭通风口,覆盖好塑料薄膜就可以保持棚室内的温度。此期白天应注意通风,防止温度过高造成植株徒长。

开花结荚期白天应保持 15℃～20℃,夜间 12℃～16℃。此期(12 月份至翌年 1 月份),外界气温很低,应采取一切措施保温。白天扣严塑料薄膜,夜间加盖草苫,防止寒潮侵袭造成冻害。在晴朗的白天,也应注意通风,防止 25℃ 以上的高温。

**(2)合理追肥浇水** 在越冬栽培中,气温较低,温室中水分蒸发量较小,无须多浇水,一般应结合追肥浇水。直播时,待苗高 6～10 厘米时可酌情浇水 1 次。育苗定植时,浇足底水。一般现蕾前不浇水,以促进根系发育,保证植株健壮。当植株开始现蕾时,可进行第一次追肥浇水,每 667 平方米追施三元复合肥 15～20 千克,也可每 667 平方米施入人粪尿500～750 千克。此后直至植株开始结荚,应以控秧促荚为主,进行中耕保墒。当植株开始结荚后,必须供给充足的水肥,以促进结荚和幼荚迅速生长。一般每 20 天浇 1 次水,在开花结荚盛期每 667 平方米施三元复合肥 15～20 千克。

荷兰豆生长期亦需要充足的二氧化碳供应,在越冬栽培中,二氧化碳亏缺问题很突出。为此,有必要进行二氧化碳施肥,其施用方法参阅本书第 61 问。

**(3)适期进行中耕** 荷兰豆生长期需要勤中耕。从苗期到开花前,以中耕保墒为主,一般每 7～10 天中耕 1 次,以促进根系生长。开花后停止中耕,避免伤根。最后 1 次中耕时,应培土保根。

**(4)进行插架** 栽培蔓生荷兰豆应插架,在植株出现卷须时进行,在温室内多用塑料扁丝做支架。由于荷兰豆不能自行缠绕,应每长 40～50 厘米就人工绑缚枝蔓 1 次,使其分布均匀,通风透光,易于结荚。

**(5)植株调整** 具体参阅本书第 89 问。

# 三、荷兰豆优良品种及栽培要点

## 93. 二村赤花2号荷兰豆有什么特点？其栽培技术要点是什么？

**(1)特征特性** 植株半蔓生,株高1.2～1.4米。茎绿色,茎粗4～6毫米。叶深绿色,叶节较密,叶节长4～8厘米。顶生卷须,能互相缠卷。花呈紫红色。从植株基部第二至第三叶腋处始生分枝,侧枝4～5个。第六至第八节始花,每枝花序双花结双荚,节节开花结荚,荚长8～9厘米,荚宽1.6厘米左右,单荚重6～7克。嫩荚绿色无筋、不易老化,味甜口感好,是出口创汇的优良软荚品种。老熟荚皮黄绿色。种子近圆形,种子表面有皱缩,种皮褐色。每荚粒数6～8粒,千粒重200克。该品种在寿光市从播种出苗至嫩荚始收需50～60天,属中早熟品种,平均每667平方米产量600～700千克,较抗白粉病。为长日照作物,喜冷凉,18℃～20℃最适宜其种子萌发;苗期耐寒,开花结荚期不耐低温;生育期最适温度为18℃～23℃,高于25℃豆荚品质下降。根系较深,耐旱能力稍强,但不耐涝。不耐空气干燥,整个生育期要求空气湿润。开花时最适宜的空气相对湿度为60%左右,空气干燥时易落蕾、落花。

**(2)栽培要点**

一是茬口安排。忌连作,也不宜与其他豆科作物连作,可以实行3～4年轮作。一年可分春、秋两季种植。春季在土壤解冻后播种。秋季在10月下旬至11月上旬播种,气温降低时要采取防寒保温措施。

二是播种。①种子处理。用 40％盐水选择健粒种子,播前在 0℃～5℃下处理 10 天左右,有利于早开花,花芽分化节位低,产量高。其具体做法:用冷水浸种 2 小时至种皮发胀后取出,置于 15℃～20℃的常温下,待胚芽露白后,放在 0℃～5℃的低温下处理 10 余天,便可取出播种。②整地、施足基肥。每 667 平方米施腐熟有机肥 2 500 千克左右、三元复合肥 50 千克,施肥后深翻、碎坷、耙平,将肥、土混匀。③平畦或起垄栽培。平畦宽窄行播种:畦面宽 120 厘米,大行距 70 厘米,小行距 50 厘米,株距 15～20 厘米,每穴播种 2～3 粒。起垄单行播种:垄高 15～20 厘米,垄面宽 10～15 厘米,垄沟宽 30 厘米左右,每穴播种 2～3 粒。

三是田间管理。①浇水施肥。底水充足,现花蕾前,一般不施肥浇水。从第一朵花结成小荚到第二朵花刚凋谢,此时进入开花结荚期,肥水须跟上,每 10～15 天施 1 次肥,每 667 平方米追施三元复合肥 15～20 千克,8～9 天浇 1 次水。每采收 2～3 次后可根外喷施 1 次 0.2％磷酸二氢钾和 0.5％尿素液肥。②防寒。在 10 月中上旬和 12 月上旬各喷施 1 次防冻剂。寒流来临前搭小拱棚确保荷兰豆越冬,防止冻害发生。翌年气温回升,适时撤棚膜。③植株调整。搭架前中耕除草 2～3 次。当植株出现卷须时,及时搭架,以利于通风透光爬蔓,减少病害发生,增强光合作用。每株插一根竹竿与邻行对应株搭人字形架,或在两行间每隔 2～3 米立一树桩,桩高约 1.5 米,桩上每 40 厘米左右缠绕一道细铁丝或尼龙绳。当植株长至 15～16 节时,可选晴天摘心,促使有效分枝,提高产量。④防止早衰。结荚后期,每隔 5～7 天喷洒 1 次 0.2％磷酸二氢钾叶面肥,连续喷洒 2～3 次,以防止叶、蔓衰老。⑤病虫害防治。对白粉病、锈病,可用 25％粉锈宁可湿性粉剂

2 000～3 000 倍液喷雾防治,每隔 10～20 天防治 1 次,连续防治 2～3 次。用 1.8% 阿维菌素 2 000 倍液防治荷兰豆蚜和荷兰豆潜叶蝇。⑥采摘。开花后 1 周左右,豆荚停止生长,手摸豆粒已有手感时及早采摘。早采豆荚太嫩,产量低;晚摘种子老熟,品质降低,豆棵早衰。如果采后用于贮藏,应较平常提早采摘 1～2 天,挑选色泽鲜绿、无损伤、无病虫的长形豆荚,及时交送蔬菜加工企业加工。

### 94. 台中 11 号荷兰豆有什么特点? 其栽培技术要点是什么?

**(1)特征特性** 中生型,偏早熟,生育期 80 天左右。抗逆性强,适应性广,耐瘠薄、干旱及盐碱,较耐低温。在 2℃ 下可发芽,可短期耐 0℃ 的低温,不耐高温,当气温超过 27℃ 时影响荚果发育。在山东省于 6 月下旬停止生长。播期为 2 月下旬至 3 月上旬,结荚期 40 天,采荚期 30 天。种荚比值为 1∶3.35。该品种植株直立,高 110～120 厘米,20～23 节。茎中空。叶绿,羽状复叶 4～6 片,顶端小叶退化为卷须,一对心脏形大托叶,基部红色(与主茎交界处)。有分枝,其分枝部位及结荚情况因密度和栽培条件而异。主茎第一花序常着生在第十二节,每花梗一般有 1 朵花,少数有两朵。花为淡粉红色,由下而上并放。从开花至荚定长需 10 天左右,增长速度快者日达 2.5 厘米。单株结荚 10～20 个,荚软、色绿、无毛。荚长 8 厘米。每荚 6～8 籽粒。籽粒圆、褐色,百粒重 16～18 克。

**(2)栽培要点**

一是栽培模式。荷兰豆的早春栽培,保护设施可采用小拱棚覆盖或利用冬暖大棚覆盖。2 月上旬播种,3 月上旬可撤掉小拱棚,冬暖大棚则全面通风,4月上中旬开始采收。

二是施足基肥,整地做畦。荷兰豆要求生长在中性、富含钙质的砂壤土或壤土上。采用保护地栽培时,每667平方米施充分腐熟的优质圈肥2 500～3 000千克,过磷酸钙25千克,草木灰40千克,硫酸钾15千克,均匀撒施,深耕30厘米左右,使基肥与土壤充分混合,整平耙细,开沟做畦,畦宽加沟110厘米,畦面高15厘米。如利用冬暖大棚栽培,其前茬必须适当多施基肥,每667平方米施腐熟鸡粪1 000千克,土杂肥5 000千克,三元复合肥50千克,均匀铺施于地面,深翻25厘米。前作腾茬后,及早整地做畦。

三是适期播种。播种前1天进行种子精选消毒,将种子放入0.3%福尔马林溶液(含甲醛1%)中浸泡20分钟,再用清水洗净,或用二硫化碳熏蒸种子10分钟。2月上旬即可播种,每畦种2行,穴播,在畦上开沟浇底水,注意浇水不要过大,因荷兰豆含糖量高,易腐烂,应以浸透为宜。每穴点播2～3粒种子,穴距15厘米,每667平方米用种量为4千克。播后及时覆土3～4厘米,搂细整平地面,覆盖地膜,注意地膜两边要压紧实,防止老鼠食种。

四是苗期管理。幼苗出土后,及时划破地膜,帮助幼苗伸出膜外,并用细土将破口封严,以后要控制浇水。苗高6～7厘米时,及时中耕除草1～2次,草苫昼揭夜盖。晴天一般上午8时揭,下午16时后盖,以保证充足的光照。阴天上午10时揭,下午14时盖,避免棚内温度散失过大。苗期白天温度保持在10℃～18℃,夜间保持在8℃～12℃。当第一片复叶完全展开、节间开始伸长时,白天适当降低温度,控制节间的伸长。如果白天温度超过20℃,要及时通风,降低棚内温度,以免引起幼苗徒长。

五是支架方式。当苗高 15～20 厘米时,浇 1 次稀粪水,或每 667 平方米施尿素 10 千克,然后中耕培土。当苗高20～25 厘米并出现卷须时,浇水、搭架、防倒伏以提高产量。搭架方式是:在畦的北头和南头,用竹竿支三角形架,畦中间搭人字形架。然后绕架拉尼龙细绳,先从下部南北平拉,随着幼苗的不断长高,绳逐渐向高层拉网,将荷兰豆枝条夹住,这样既可防止植株倒伏,又便于畦间管理。

六是开花结荚期管理。在豆荚坐住前一般不再浇水施肥,如土壤过干且中午萎蔫时,可顺沟浇小水。此期温度应控制在 15℃～20℃,夜温不能过高,应及时通风,以减少落花。进入盛花结荚期时,即进入促荚阶段,应结合浇水每 667 平方米追施三元复合肥 15 千克,以后每周浇 1 次小水,浇 2 次水追 1 次肥,最好用腐熟人粪尿。若缺少肥水,会引起落花落荚。

开花盛期如发现落花严重,可用 5 毫克/千克防落素加 2 毫克/千克赤霉素混合液喷花保荚。

七是及时采收。一般花后 7～10 天嫩荚即充分长大,荚厚约 0.5 厘米时及时采收。若采收过晚,籽粒老熟,则糖分下降,纤维增多,品质变劣。因此,盛果期应每天采摘 1 次,采摘嫩荚时要细心,勿使其受损伤。

八是病虫害防治。害虫主要有潜叶蝇、白粉虱和蚜虫。病害主要有白粉病、炭疽病、锈病、苗期根腐病。其防治方法请参见本书第 95 问和第 96 问。

# 四、荷兰豆病虫害防治

## 95. 荷兰豆的主要病害有哪些？如何识别与防治？

荷兰豆常见的病害有白粉病、锈病、褐斑病、霜霉病、灰霉病、根腐病、芽枯病等，其中以白粉病较为普遍。

**(1) 荷兰豆白粉病** 为荷兰豆的重要病害。一般在收获期流行。

【症　状】 该病主要危害叶片，果荚受害少。初期发病叶面呈淡黄色小斑点，后扩大成不规则形粉斑，严重时布满整个叶面和叶背，最后变黄枯死。叶柄、嫩茎感病后也长满白粉。发病后期粉斑变灰，并长出许多小黑粒点。

【发生规律】 白粉病繁殖速度很快，易导致流行。田间侵染主要借气流或雨水传播。侵染的最适温度为22℃～24℃，湿度大则侵染重，高温干燥与高湿条件交替出现时此病易流行。在叶面结露(形成水滴)持续时间长的情况下，病菌生长发育反而受到抑制。

【防治方法】 选用抗病品种，如中豌4号等品种。避免连作。要用小高畦栽培。增施磷、钾肥，加强通风透光，提高植株抗性。发病初期喷洒农抗120或武夷霉素水剂100～150倍液，或25％粉锈宁可湿性粉剂2 000倍液，或25％敌力脱乳油4 000倍液，或70％甲基托布津可湿性粉剂1 000倍液，或15％庄园乐水剂200倍液，或30％白粉松乳油2 000倍液，或12.5％速保利可湿性粉剂2 500倍液，每7～10天喷1次，连喷2～3次。在保护地内，可用5％百菌清粉尘剂，每平方米用药1.5克。物理防治。发病初期，用27％高脂膜乳剂

80～100 倍液,每 6 天 1 次,连喷 2～3 次。烟熏。发病前,可用 45％百菌清烟剂,每 667 平方米每次 200～250 克,傍晚进行,分放 4～5 个点,连熏 3～4 次。喷小苏打。病害刚刚发生,只有个别株有 1～2 个小斑点时喷小苏打 500 倍液,每 3 天喷 1 次,连喷 4～5 次,不仅防白粉病,而且还分解出二氧化碳,有利于提高产量。

## (2)荷兰豆锈病

【症　状】　主要危害叶片和茎蔓。初期发病,在叶片正反两面产生圆形褐色小肿斑,后期变成暗褐色隆起斑,破裂后散出黑色粉状物。茎蔓染病,其症状与叶片相似。

【发生规律】　由真菌引起。该菌喜温暖潮湿,气温在 20℃～25℃时易流行。病菌借气流传播。地势低且有积水、土质黏重、种植过密、插架不及时等,均可加重发病。在保护地栽培时易发病。

【防治方法】　在露地栽培时,要适时播种,或早春选用早熟品种,在锈病大发生前收获。合理密植,及时插架整枝,降低田间湿度,改善通风透光条件,减轻发病。在发病初期喷洒 12.5％速保利可湿性粉剂 2 500 倍液,或 30％固体石硫合剂 150 倍液,或 15％粉锈宁可湿性粉剂 1 000～1 500 倍液,或 50％萎锈灵乳油 800 倍液,或 50％硫黄悬浮剂 200 倍液,或 25％敌力脱乳油 3 000 倍液,每隔 7～10 天喷 1 次,连喷 2～3 次。若植株对上述药剂产生抗性,可喷 40％杜邦新星乳油 9 000～10 000 倍液。不论喷什么药,均须在采收前 7 天停止用药。

## (3)荷兰豆褐斑病

【症　状】　主要危害叶片,在茎和果荚上也有发生。发病后产生圆形或不规则小斑,周围紫色,病斑处有轮纹。

【发生规律】 病菌随病株残体在土表越冬。侵染时,借助风、雨、灌水、农事活动等传播。还可随种子远距离传播。

【防治方法】 ①农业防治。发病地与非豆科蔬菜轮作2年以上。选用抗病种子,或在播种前将种子放入冷水中浸4～5小时,而后在50℃～52℃温水中浸种5分钟,再浸入冷水中冷却,尔后催芽或晾干播种。施足腐熟过的粪肥并增施磷、钾肥,以提高植株抗病能力。采用科学的栽培技术,如适时播种、采用高畦栽培、合理密植、清洁田园、秋冬季深翻土壤等。②无公害农药防治。对种子实行药剂消毒,可用相当于种子重量0.3%的50%多菌灵可湿性粉剂或70%甲基托布津可湿性粉剂拌种。熏烟防治,每667平方米可用3.3%噻菌灵烟剂250克于傍晚熏烟,隔7天熏1次,连熏3～4次。粉尘剂防治,于发病初期,每667平方米用6.5%甲霉灵粉尘剂1千克在早上或傍晚喷粉,隔7天喷1次,连喷2～3次。喷药液防治,发病初期可选用40%噻菌灵悬浮剂800～1 000倍液,50%多菌灵可湿性粉剂600～800倍液,40%多硫悬浮剂600～800倍液,50%敌菌灵可湿性粉剂500倍液,65%甲霉灵可湿性粉剂600～800倍液喷雾防治,应交替用药,隔7天喷1次,连喷2～3次。发病初期喷30%氧氯化铜600倍液或70%甲基托布津800倍液,发病重时建议选用10%世高1 500倍液防治。

**(4)荷兰豆霜霉病**

【症　状】 为真菌侵染的病害。主要危害叶片,嫩梢也受害较多。发病初期叶面出现褪绿色病斑,叶背面的病斑产生淡紫色霉层,后扩展到全叶,引起叶片枯黄。

【发生规律】 病菌在病残体或种子上越冬。它的发生发展与温、湿度关系密切。温度为20℃～24℃、湿度大、结露多，霜霉病可能大流行。在保护地内浇水过多、种植过密、通风透光差时，容易发生霜霉病。

【防治方法】 实行轮作倒茬。选用抗病品种，从无病地块选留种子。及时清除田间的病株残叶，集中烧毁。合理密植，增强通风透光性。利用温室或大棚栽培时，及时通风，排除湿气，使叶片上没有水滴和水膜，这样就不易发生霜霉病。药剂防治，用相当于种子重量0.3％的35％甲霜灵拌种。发病初期喷药防治，可用70％甲基托布津1 000倍液，或25％瑞毒霉600倍液，或25％甲霜灵600倍液，或64％杀毒矾400倍液，或58％甲霜锰锌400倍液，或40％乙磷铝200倍液，或72％克抗灵（霜脲锰锌）800～1 000倍液，或72％杜邦克露8 000～10 000倍液，每7～10天喷1次，连喷2～3次。如使用上述药剂害虫产生抗性，可用69％安克锰锌1 000倍液喷洒。为了防止害虫抗药性，可交替用药。

(5)荷兰豆灰霉病

【症 状】 主要危害叶片、花、茎蔓和果荚。叶片发病，在叶端或叶面产生水渍状斑，发病后期长出黑色霉层。果荚受害由先端发病，严重时果荚上密生灰色霉层。

【发生规律】 由真菌引起的病害。病菌在病残体或土壤中越冬。病菌发生的最适温度为13℃～21℃，相对湿度在95％以上，尤其在水中病菌萌发最好。病菌在田间随病残体、水流、气流、田间作业传播。

【防治方法】 清洁田园，及时将病叶、病花和病荚摘除，带出田外深埋或烧毁。保护地内注意通风，降低湿度。发现病株及时喷药，可喷50％速克灵可湿性粉剂1 500～2 000倍液，或50％农利灵可湿性粉剂1 000～1 500倍液，或50％扑海因可湿性粉剂1 000倍液，或45％特克多悬浮剂4 000倍液,或 50%扑海因可湿性粉剂 1 000 倍液加 90%乙磷铝可湿性粉剂 800 倍液。注意轮换、交替用药。采收前 3 天停止用药。也可用烟熏剂防治,用 5%百菌清烟剂,每平方米用药1.5 克。

**(6)荷兰豆立枯病** 又称荷兰豆基腐病。

【症 状】 荷兰豆立枯病主要发生在苗期,是苗期的重要病害。种子发病,造成烂种。子叶染病,产生红褐色近圆形病斑。受害幼苗茎基部产生红褐色椭圆形或长条形病斑,当病斑继续扩展到整个幼茎基部时,幼茎逐渐萎缩、凹陷,导致幼苗生长缓慢,最后枯死,有时折倒。

【发生规律】 为真菌侵染引起的病害。病菌在土壤或病残体上越冬。通过雨水、流水、带有病菌的土壤、农具、肥料等传播。病菌发育适温为 24℃,土壤湿度大时发病严重。立枯病在温度较高、幼苗徒长时发生较多。另外,播种过密,地势低洼,土质黏重以及播种前浇水过多,均会诱发立枯病。

【防治方法】 选用耐寒品种。苗床应选在地势较高、能排能灌的地块,并采用无病的田园土做床土。肥料要充分腐熟,施用日本酵素菌沤制的有机肥。加强苗床管理,避免床内湿度过大。培育壮苗,增强抗病力。可用相当于种子重量 0.3%的50%多菌灵可湿性粉剂或 50%福美双可湿性粉剂拌种。发病初期,先拔除病苗,带出田外深埋,然后喷铜氨合剂(硫酸铜 0.5千克加 5 升氨水混匀),防止蔓延。也可在发病初期喷洒 20%甲基立枯磷乳油 1 200 倍液,或 5%井冈霉素水剂1 500倍液,或72.2%普力克水剂 800 倍液,每 7～10 天喷 1 次,连喷 2～3 次。

**(7)根 腐 病**

【症 状】 该病由真菌引起。幼苗至成株期均可发生,主要危害根及茎基部。发病时,叶片自下而上逐渐变黄枯萎,但不脱落;病株茎基部及主根变褐,皮层腐烂,剖开茎部可见维管束变褐,严重时全株枯死。

【发生规律】 土壤黏结、多年重茬、施用不腐熟基肥,加上天气高温高湿,该病多严重发生。

【防治方法】 ①与非豆科作物合理轮作。②采用高畦栽培,施用的农家肥要充分腐熟。③发现病株及时拔除,并撒生石灰消毒。④药剂防治。用相当于种子重量0.3%的适尔时拌种,并在发病初期选用10%世高1200倍液,或50%多菌灵500倍液,或30%氧氯化铜500倍液喷淋根茎部。

**(8)芽枯病** 芽枯病又称烂头病、湿腐病。近几年该病的发生逐渐增多。

【症 状】 主要危害嫩梢,初呈水渍状,后呈湿腐状,高温高湿天气发病较快;该病进一步扩展时,荚的蒂部及荚柄也可感染。天气潮湿时,病部见有灰色毛状霉,中生黑色大头针状孢囊梗,严重时嫩芽枯黄、腐烂。该病由接合菌亚门真菌引起,夏季高温多雨季节发病较重。

【防治方法】 ①与非瓜类作物实行3年以上轮作。②合理密植,注意通风。③雨前雨后及时喷药,先摘除病梢,选用30%氧氯化铜600倍液、75%达科宁(保护性药剂)600倍液或58%雷多米尔(治疗性药剂)600倍液于发病初期开始喷施。

**(9)荷兰豆病毒病**

【症 状】 在叶片上发病,表现明脉、褪绿、黄绿相间的病斑。发病严重时,叶片皱缩,植株矮小。

【发生规律】 高温干旱发病重。主要通过蚜虫传播病毒。

【防治方法】 选用抗病品种及丰产优质品种。加强栽培管理,合理施肥和整枝,培养健壮植株,增强植株抗性。与大蒜套种,可避开蚜虫,防止病害。用药防治病毒病时,并不能根除,只能起到减缓的作用。特别是病毒病如果已严重发生,再用药防治作用不大,所以必须以农业防治为主。发病初期可喷 20%毒克星可湿性粉剂 500 倍液,或 1.5%植病灵乳剂 1 000 倍液,或 83 增抗剂 100 倍液,每 7～10 天喷 1 次,连喷 3～4 次。此外,还要注意防治蚜虫。蚜虫除刺吸植株汁液外,还可传播病毒,并且传毒的危害远远超过其本身的危害。因此,从苗期开始就要喷药防蚜,可用 50%抗蚜威可湿性粉剂 2 000 倍液或 20%氟乐乳油 2 000 倍液喷雾。

### 96. 荷兰豆的主要害虫有哪些？如何防治？

荷兰豆的主要害虫有豆秆蝇、豆荚螟、潜叶蝇、荷兰豆象、蚜虫等。

**(1)豆秆蝇** 又名豆秆黑潜蝇。

【为害特点】 主要以幼虫钻蛀茎秆为害,造成茎秆中空,从而影响水分及养分的输送,使植株逐渐枯死。豆秆蝇虫体较小,成虫体长 2.5 毫米左右,体色黑亮;幼虫长约 3.3 毫米,体色乳白。

【防治方法】 ①及时处理根茬及秸秆,减少越冬虫源。②药剂防治。注意把苗期作为防治重点。播种前,每 667 平方米用 1.5 千克米乐尔随基肥一起撒施。种子出苗后,用辛硫磷 1 000 倍液或杀虫双 1 500 倍液喷雾。

**(2)豆荚螟** 又名豆野螟、豆荚野螟。

【为害特点】 以幼虫为害叶、花、荚,常卷叶为害或蛀食花与荚而导致落花落荚。为害严重时,蛀荚率达 70%以上。

【防治方法】 ①及时摘除被害豆荚、豆叶,清除田间落花、落荚,减少虫源。②在田间设黑光灯,诱杀成虫。③药剂防治。注意在初龄幼虫(3 龄前)蛀果前及时喷药防治。多从现蕾开始喷药,每 10 天左右喷 1 次,重点喷花蕾、嫩荚。药剂可选用功夫 5 000 倍液或 5％高效氯氰菊酯 3 000 倍液等。

**(3) 蚜　虫**

【为害特点】　蚜虫为害荷兰豆的枝叶,而且传毒。以成虫或若虫吸食汁液,为害嫩梢和叶背。由于叶背被刺伤,生长缓馒,叶片卷曲,节间缩短,抑制生长,影响产量。

蚜虫每年发生数代,繁殖速度快。在平均温度为 20℃～25℃、相对湿度为 75％以下时,有利于蚜虫大发生。

【防治方法】　及时铲除田边杂草,减少虫源。利用黄板诱蚜或用银灰膜避蚜。蚜虫的天敌有七星瓢虫、草蛉、食蚜蝇、蚜茧蜂等,应注意保护利用。采用药剂防治,可喷 20％速灭杀丁乳油 2 000～3 000 倍液,或 2.5％溴氰菊酯乳油 2 000～3 000 倍液,或 21％灭杀毙乳油 4 000 倍液,或 50％辛硫磷乳油 1 000 倍液,或 50％抗蚜威可湿性粉剂 3 000 倍液。采用保护地栽培的,还可用 22％敌敌畏烟剂熏蒸,每平方米用药 0.75 克,防效达 98％以上。

**(4) 荷兰豆潜叶蝇**　又称夹叶虫、叶蛆。主要为害豆类,其次为害萝卜、白菜、甘蓝、番茄等。

【为害特点】　幼虫孵化后即潜食叶肉,出现曲折的“隧道”,老熟幼虫在蛀道内化蛹。为害严重时,全叶枯萎,不仅使叶菜降低食用价值,还影响果荚的发育,造成减产。

荷兰豆潜叶蝇在东北和华北地区一年发生 4～5 代,南方发生代数更多。夏季温度高时,害虫发生少,为害轻。春、秋两季为害重。产卵多在嫩叶的边缘,以叶尖最多。

【防治方法】　及时清除田间杂草、老叶,保持田园清洁,消灭虫源。药剂防治,可喷80％敌敌畏乳油1 000倍液,或80％敌百虫可溶性粉剂1 000倍液,或25％增效喹硫磷乳油1 000倍液,或75％赛灭净可湿性粉剂5 000倍液,或98％巴丹可溶性粉剂2 000倍液,或50％辛硫磷乳油1 000倍液。在该虫发生高峰期,每5～7天喷1次,连喷2～3次。也可喷洒5％锐劲特悬浮剂,每平方米用药75～150微升。或用40％七星宝乳油600～700倍液喷雾。当前提倡使用昆虫生长调节剂,可喷5％抑太保2 000倍液,或5％卡死克乳油2 000倍液,对潜叶蝇成虫有不孕作用,使成虫产卵量降低,并可使孵化的幼虫死亡,是一类具有发展前途的药剂。

**(5)荷兰豆象** 俗称豆牛,是荷兰豆的最大害虫,且仅为害荷兰豆。

**【为害特点】** 幼虫蛀食籽粒时,吃成空洞,使品质下降,种子发芽率受到严重影响。荷兰豆象1年发生1代,以成虫越冬。早春飞入田间为害,在田间零散分布,防治比较困难。但荷兰豆象经常在籽粒内潜伏,最好的防治方法是收获后处理种子。

**【防治方法】** 种子处理。收获籽粒后,立即在晒场上暴晒5～6天,杀虫效果良好。开水烫种,适用于少量种子,将种子浸泡在沸水中20～30秒并搅动,晒干后再贮藏。贮藏期的豆粒有荷兰豆象为害时,可用磷化钙或氯化苦在存放处多点放药并密封熏蒸2～4天,熏蒸后的荷兰豆1周后才能食用。由于荷兰豆象成虫只有取食荷兰豆的花粉才能成熟产卵,所以田间防治应掌握在盛花期喷药,可选用40％二嗪农乳油1 500倍液或80％敌百虫可溶性粉剂1 000倍液喷洒。

# 五、荷兰豆生理障碍防治

## 97. 荷兰豆落花落荚是什么原因？怎样预防？

**(1)发生原因** ①荷兰豆耐旱力较强,但不耐空气干燥。高温干旱不利于花的发育,当土壤含水量降低到9.7%、空气相对湿度为54%时,花朵迅速凋萎,并大量落花脱蕾,易引起"旱花"、"焦花",是落花脱蕾的主要原因之一。②开花期遇到25℃以上的高温干旱,落花落荚多,产品质量相应也差。③秋播荷兰豆时播种晚,气温低,出苗慢,扎根浅,植株瘦小,抗寒力弱,易受冻害后造成落花落荚;春季生长弱,分枝少,生育后期易受高温干旱的影响,均会出现落花。

**(2)防治措施** ①选择优良品种,如85-1软荚、大荚荷兰豆、小青荚等,适时播种。在选择优良品种的同时,掌握好播期,使荷兰豆结荚盛期赶在高温干旱来临之前,可减少落花落荚。②开花前一般不浇水,出齐苗或定植缓苗后浅中耕松土保墒,增加土壤透气性,促进根系发育,防止营养生长过旺。开花后至结荚期,保持土壤湿润,使营养生长和生殖生长达到平衡,减少落花落荚现象。③调节好室内温度,避免或减轻高温或低温的不良影响。白天温度保持在20℃～25℃,高于27℃即通风降温。下午覆盖草苫的时间以盖草苫后4小时内室内温度不低于18℃为标准,凌晨短时间内最低气温以不低于13℃为宜。④及时擦拭棚膜,改善光照条件,尤其在连阴天低温寡照的情况下,更需擦拭棚膜。这一措施不仅可增加光合营养物质的积累,有效地防止落花、落荚,还能预防病害的发生。⑤调节土壤营养。用充分发酵腐熟的有机肥和三元复合肥做基肥。播前每 667 平方米施优质农家肥 5 000 千克，磷酸二铵 25～50 千克，尿素 10 千克，深翻 30 厘米。⑥抽蔓期、结荚期适期追施氮素化肥，叶面喷施钼、锰等微肥，并及时浇水，提高植株营养水平。在抽蔓期、结荚期结合浇水，每 667 平方米施尿素 10 千克；结荚盛期用 0.2%磷酸二氢钾溶液或 0.1%硫酸锰溶液或 0.1%～0.2%钼酸铵溶液喷洒叶面，每 667 平方米用药液 50 升左右，共喷 2～3 次。⑦合理密植，及时搭架，改善行株间通风透光条件。当株高为 20～30 厘米并开始抽蔓后，用竹竿做支架，用细绳捆扎，引蔓上架，支架高度应在 1.5～1.8 米。⑧适时采收，减缓花与荚的营养竞争。⑨开花期用 5～15 毫克/千克萘乙酸溶液喷花，促进坐荚。

### 98. 荷兰豆各种缺素症有什么症状？发生的原因是什么？如何防治？

**(1)缺 氮**

【症 状】 叶片淡绿变黄绿色，生长发育不良。

【发生原因】 土壤本身含氮量低。种植前施大量没有腐熟的作物秸秆或有机肥，碳素多，其分解时夺取土壤中的氮。

【防治方法】 施用新鲜的有机物（作物秸秆或有机肥）做基肥时，要增施氮素或施用完全腐熟的堆肥。应急措施是，及时追施氮肥，每 667 平方米可施尿素 5～7.5 千克。或用 1%尿素溶液喷洒叶面，每隔 7 天左右喷 1 次，连喷 2～3 次。

**(2)缺 磷**

【症 状】 叶仍保持绿色，生长停止。

【发生原因】 堆肥施用量小和磷肥用量少，易发生缺磷症。地温常常影响对磷的吸收，地温低对磷的吸收就少，冬季和早春季节易发生缺磷。土壤水分过多时,导致地温低,也会使磷的吸收受阻。

【防治方法】 早施、集中施用磷肥。若日光温室、大棚土壤偏碱性,宜选用过磷酸钙,不宜用钙镁磷肥、钢渣磷肥等。重施有机肥。应及时追施磷肥,每 667 平方米可施过磷酸钙 12.5～17.5 千克。或用 2%～3%过磷酸钙溶液喷洒叶面,每隔 7 天左右喷 1 次,共喷 2～3 次。

**(3) 缺 钾**

【症 状】 下部叶易向外卷,叶脉间变黄。

【发生原因】 土壤中含钾量低。施用堆肥等有机质肥料和钾肥少,易出现缺钾症。地温低,日照不足,土壤过湿,施氮肥过多等,阻碍对钾的吸收。

【防治方法】 供应充足钾肥,特别在生育中后期不能缺少钾肥。多施用有机肥做基肥。发现缺钾时,每 667 平方米直接向土壤中施硫酸钾或硝酸钾 10～20 千克。或用 0.2%磷酸二氢钾溶液和 10%草木灰浸出液喷洒叶面,每隔 7 天左右喷 1 次,共喷 2～3 次。

**(4) 缺 钙**

【症 状】 植株矮小,未老先衰,茎端营养生长缓慢;侧根尖部死亡,呈瘤状突起;顶叶的叶脉间淡绿或黄色,幼叶卷曲,叶缘变黄失绿后从叶尖和叶缘向内死亡;植株顶芽坏死,但老叶仍绿。

【发生原因】 氮多、钾多或土壤干燥,阻碍对钙的吸收;空气湿度小,蒸发快,补水不足时易产生缺钙;土壤本身缺钙。

【防治方法】 土壤中钙不足,可增施含钙肥料。避免一次施用大量钾肥和氮肥。要适时浇水,保证水分充足。应急措施是,每 667 平方米冲施硝酸钙 20 千克,或用 0.3%氯化钙溶液喷洒叶面,每隔 7 天左右喷 1 次,共喷 2～3 次。

**(5) 缺　镁**

【症　状】　叶色淡绿,中下部叶片叶脉间比叶缘先变黄。

【发生原因】　土壤本身含镁量低。钾、氮肥用量过多,阻碍对镁的吸收。尤其是大棚栽培更易发生缺镁。

【防治方法】　土壤诊断若缺镁,在栽培前要施用足够的含镁肥料。避免一次施用过量的、阻碍对镁吸收的钾、氮等肥料。应急对策是,用 1%～2%硫酸镁溶液喷洒叶面。

**(6) 缺　锌**

【症　状】　从中位叶开始褪色,与健康叶比较,叶脉清晰可见。随着叶脉间逐渐褪色,叶缘从黄化变成褐色。节间变短,茎顶簇生小叶,株形丛状,叶片向外侧稍微卷曲,不开花结荚。

【发生原因】　光照过强易发生缺锌。若吸收磷过多,植株即使吸收了锌,也表现缺锌症状。土壤 pH 高,即使土壤中有足够的锌,但其不溶解,也不能被荷兰豆所吸收利用。

【防治方法】　不要过量施用磷肥。缺锌时,每 667 平方米施用硫酸锌 1～1.5 千克。应急对策是,用 0.1%～0.2%硫酸锌溶液喷洒叶面。

**(7) 缺　硼**

【症　状】　生长发育受阻,叶黄,茎叶僵硬易折,蔓顶干枯。

【发生原因】　土壤干燥影响对硼的吸收,易发生缺硼。土壤有机肥施用量少,在土壤 pH 高的田块也易发生缺硼。施用过多的钾肥,影响了对硼的吸收,易发生缺硼。

【防治方法】　土壤缺硼,应预先施用硼肥,每 667 平方米基施志信大地硼 200～300 克。要适时浇水,防止土壤干燥。

多施腐熟的有机肥,提高土壤肥力。应急措施是,叶面喷洒1 000～1 500倍志信超硼液。

**(8) 缺 铁**

【症　状】　幼叶叶脉间褪绿,呈黄绿色至黄色。

【发生原因】　碱性土壤、磷肥施用过量或土壤中铜、锰过量易缺铁。土壤过干、过湿、温度低,影响根的活力,也易发生缺铁。

【防治方法】　尽量少用碱性肥料,防止土壤呈碱性,土壤pH应为6～6.5。注意土壤水分管理,防止土壤过干、过湿。应急措施是,用0.1％～0.5％硫酸亚铁溶液或100毫克/千克柠檬酸铁溶液喷洒叶面。

**(9) 缺 钼**

【症　状】　植株生长势差,幼叶褪绿,叶缘和叶脉间的叶肉呈黄色斑状;叶缘向内部卷曲,叶尖萎缩,常造成植株开花不结荚。

【发生原因】　酸性土壤易缺钼。含硫肥料(如过磷酸钙)的过量施用会导致缺钼。土壤中的活性铁、锰含量高,也会与钼产生拮抗,导致土壤缺钼。

【防治方法】　改良土壤,防止土壤酸化。应急措施是,叶面喷洒39.5％志信高钼肥5 000倍液。

# 六、荷兰豆种植新模式

### 99. 荷兰豆—莴笋—黄瓜连作栽培模式的技术要点是什么？

夏、秋季种植黄瓜,冬、春季利用大棚生产莴笋和早春荷兰豆,茬口安排紧密,充分发挥单位面积的产出率,而且技术简单、效益较高。每 667 平方米可产黄瓜 3 000 千克,莴笋 3 000 千克,荷兰豆鲜豆荚 1 000 千克。

**(1)荷兰豆栽培**

一是品种选择。选用大荚荷兰豆或美国白花荷兰豆。

整地施肥。整地时每 667 平方米施腐熟有机肥 3 000～4 000 千克,过磷酸钙 50 千克,草木灰 100 千克或氯化钾 15～20 千克。耙平后做成小高畦,一般畦宽 80 厘米,高 10 厘米,畦沟宽 40 厘米。

二是播种。2 月上旬播种。干籽直播,每 667 平方米用种 4～5 千克。在 80 厘米的高畦上播种 2 行,开沟深 3～4 厘米,沟内浇足底墒水。按株距 8～10 厘米点播,每穴播 2～3 粒种子。播后覆土 3～4 厘米厚,盖地膜,每 667 平方米留苗 1.2 万株。

三是田间管理。出苗后,子叶展开时将苗从地膜下抠出来。棚内温度超过 25℃时要通风降温,防止徒长。4 月下旬晚霜过后去掉棚膜。一般开花前浇 1 次水,结荚期浇 1～2 次水。抽蔓和结荚期各追 1 次肥,每 667 平方米施尿素 15～20 千克。结荚期叶面喷施 0.2% 磷酸二氢钾溶液 2～3 次,促进开花结荚。

四是病虫害防治。荷兰豆生长期短,病虫害少,一般无须防治。如发生蚜虫,可用 10% 吡虫啉 3 000 倍液喷雾防治。对白粉病,可用多氧清防治。

五是收获。开花后 10 天左右,嫩荚充分肥大、籽粒未发育时采收嫩荚。采收期为 4 月中旬至 5 月底。

**(2)莴笋栽培技术** 9 月份黄瓜拉秧后定植莴笋,株行距 30 厘米×30 厘米,每 667 平方米栽 7 500 株。11 月上旬扣棚膜,扣棚前期要注意通风降温,后期以保温为主,尽量使温度保持在 18℃～22℃。缓苗后结合浇水每 667 平方米追施磷酸二铵 10 千克,随即进行中耕蹲苗。团棵期和茎部开始膨大时分别追施尿素 10 千克,并结合施肥浇水。定植后 60～70 天即可收获,收获前 5 天应停止浇水。

**(3)夏黄瓜栽培**

一是品种选择。选用津春 4 号、津春 5 号。

二是整地施肥。5 月底整地,每 667 平方米施腐熟有机肥 3 000 千克,磷酸二铵 50 千克,硫酸钾 20 千克,深翻后做成平畦,畦宽为 1.2 米。

三是播种。6 月上旬播种,采用直播方式,每畦播种 2 行,株距 30 厘米,每 667 平方米栽 3 700 穴。

四是田间管理。出苗后多锄划,以促根系下扎。3 叶 1 心时用 150 毫克/千克乙烯利叶面喷洒以促开雌花,并浇 1 次小水,根瓜坐住前不再浇水。当 50% 以上的植株长到 10 厘米以上时开始浇水追肥,每 667 平方米施三元复合肥 20～30 千克,全生育期共追肥 2～3 次。夏播黄瓜浇水要勤,每 2～3 天浇 1 次水,在摘瓜前 1 天浇水。防止黄瓜发生徒长。结瓜期注意叶面补肥 3～5 次。

### 100. 西葫芦—香椿—荷兰豆套种栽培模式的技术要点是什么？

西葫芦套种香椿、荷兰豆进行秋、冬温室栽培,收获时正值元旦前后,经济效益显著,是一种较好的栽培模式。

**(1) 西葫芦的栽培** 选用丰产、抗病、株型矮小紧凑、雌花节位低的早青一代良种。10月10日,采用营养钵育苗,11月15日在幼苗具3叶1心时大小行定植,大行行距180厘米,小行行距50厘米,株距45厘米。定植前施足优质基肥,整地做畦。每667平方米施腐熟有机肥4 000～5 000千克,三元复合肥40～50千克,并施入矮丰灵0.5～0.75千克防止徒长化瓜。定植后室内白天温度保持18℃～25℃,白天不宜超过30℃,夜间8℃～15℃。如温度过高应适当通风降温。生长前期控水蹲苗,空气相对湿度以70%～80%为宜。西葫芦生长期间应及时防治病虫害。用50%速克灵2 000倍液喷雾防治灰霉病,用50%速克灵800～1 000倍液或70%甲基托布津800～1 000倍液喷雾防治菌核病,用20%病毒A可湿性粉剂500倍液喷雾防治病毒病。进入花期后可用20～30毫克/千克2,4-D溶液涂抹雌花柱头,或进行人工授粉,以提高坐果率。结合浇水勤施少施氮肥,多施磷、钾肥,并补充二氧化碳气肥或叶面追肥。浇水要选择晴天,应"浇瓜不浇花"。采用吊蔓进行植株调整,及时摘除下部老叶、弱叶、病叶、侧蔓和卷须。在温度高时和盛果期多施肥,其他时间少施。元旦前后西葫芦成熟后及时采收。

**(2) 香椿的栽培** 香椿的栽培起用大田移植苗。香椿定植前可对大田苗先假植30～35天。11月20日在大行内南北向定植2行,高株在北,矮株在南,行距30厘米,株距20厘米。在植株两侧筑埂,浇足定植水。待香椿芽萌动5~7天后,可向植株上喷洒少许20℃~25℃的温水。待香椿芽长至10~15厘米长时,可喷施0.2%磷酸二氢钾溶液1~2次。当香椿芽长到20~30厘米时采收,每隔15~20天采收1次,可连续采收3~4次。翌年4月份移植到大田。

**(3)荷兰豆的栽培** 荷兰豆宜选用矮生、抗病品种。10月5日播种育苗,每667平方米用种量8~10千克,播后覆土3~4厘米厚。出苗前不宜浇水,苗齐后如干旱要适量浇水。11月25日在大行中间套种定植2行,行距50厘米,株距25厘米。开花前不追肥,视天气情况浇1~2次小水,防止空气相对湿度过低造成落花落荚。抽蔓和结荚期各追肥1次,每667平方米追施稀粪水1 000千克,过磷酸钙15~25千克。坐荚后可根外追施磷酸二氢钾和锰、钼、硼等微肥,以提高产量。开花后2周,豆荚为深绿色时采收上市。若需要留种,可选无病株的基部豆荚,开花后40天便可采收。

# 附　录

## 日光温室蔬菜主要病虫害种类及农药防治方法
### （根据寿光菜农防治病虫害经验总结）

### 1. 真菌类病害

(1)霜霉病、疫病(包括早疫病、晚疫病)用药种类及使用方法
70%乙磷铝·锰锌 500 倍液,72.2%普力克(霜霉威)800 倍
液,58%雷多米尔·锰锌(甲霜灵·锰锌)500 倍液,50%甲
霜·铜 600 倍液,50%甲霜·铝·铜 500 倍液,64%杀毒矾
500 倍液,85%三乙磷酸铝 500 倍液,69%安克·锰锌 600～
800 倍液,58%霜尽 400～500 倍液,72%霜脲·锰锌(又名克
露·霜疫清、霜疫净、红太阳等)500～600 倍液,50%灭克(氟
吗锰锌)500～600 倍液,菌立灭 4 号 500 倍液,50%加收米水
剂 500 倍液,易保 500～600 倍液,58%烯酰吗啉·福美双500～
600 倍液,58%烯酰吗啉·锰锌 500～600 倍液。每隔 5～7 天
喷 1 次,防治 2～3 次。

(2)灰霉病、煤污病用药种类及使用方法　喷洒 50%速克
灵(腐霉利)可湿性粉剂 1 000 倍液,50%扑海因可湿性粉剂或
悬浮剂 1 000 倍液,70%甲基托布津可湿性粉剂 500～600 倍
液,40%百可得可湿性粉剂 1 500 倍液,40%施佳乐悬浮剂
800～1 200 倍液,50%农利灵 500 倍液,绿亨 5 号 1 000～1 500
倍液。每隔 5～7 天喷 1 次,连续防治 2～3 次。

(3)叶霉病、白粉病、锈病等用药种类及使用方法　喷洒氧
硅唑(福星)4 000 倍液,腈菌唑(福腈)1 500 倍液,三唑酮(又名
百里通、粉锈宁、20%粉锈宁乳油)一般作物 3 000 倍液以上,个

别作物 4 000 倍液以上,速得利 12.5％可湿性粉剂 3 000 倍液,德国拜耳公司生产的戒唑醇(好力克)5 000 倍液,美国杜邦公司生产的万兴 1 500 倍液,国产赛星 3 000 倍液,世高 800 倍液,叶霉威 500 倍液,多霉威 500 倍液。以上农药每隔 5～7 天喷 1 次,交替使用,连续防治 2～3 次。

(4)蔓枯病、炭疽病等病害用药种类及使用方法 喷洒 36％甲基硫菌灵悬浮剂 400～500 倍液,75％百菌清可湿性粉剂 600 倍液,80％炭疽福美胂 600～800 倍液,64％杀毒矾 500～600 倍液,77％氢氧化铜(又名可杀得、丰护安、瑞扑)500 倍液,56％氧化亚铜(又名靠山)500～700 倍液,菌立灭 4 号 500～600 倍液喷雾,也可用上述农药 1 倍溶液涂抹病部。还可用 50％春雷氧氯铜(又名加瑞农、加收米)500 倍液,50％施保功可湿性粉剂(通用名称为咪鲜安锰络合物)2 000 倍液,安美托 600～800 倍液,炭疽净 500 倍液喷雾,每隔 5～7 天喷 1 次,交替使用,从发病初期开始,连续防治 2～3 次。

(5)斑枯病、褐斑病、灰斑病、轮纹病等叶斑病类用药种类及使用方法 喷洒 75％达科宁(百菌清)500～600 倍液,64％杀毒矾可湿性粉剂 500～600 倍液,70％代森锰锌、80％大生、强生等 600～800 倍液,10％多抗霉素(宝丽安)800～1 000 倍液,好力克 5 000 倍液,施保功 2 000 倍液,易保 500 倍液,品润 500 倍液,斑博、斑神、斑速尽、叶斑净等 500 倍液,甲霜灵·锰锌 500 倍液喷雾。从发病初期开始,每隔 5～7 天喷 1 次,交替使用,连续防治 2～3 次。

(6)黄萎病、枯萎病、立枯病、根腐病等土传病害用药种类及使用方法 播种前可用 50％多菌灵可湿性粉剂处理种子和土壤,或在生长期灌根、冲施;也可用恶霉灵(土菌清)拌种、处理土壤及在生长期灌根,防治茄子黄萎病及其他土传病害效果显著。用 50％甲羟翁水剂 500 倍液浸种 24 小时,或用 1500 倍液从苗期开始喷雾,每 7 天喷 1 次,连喷 2～3 次,对各种土传病害均有明显效果。用 58％烯酰吗啉·福美双(又名霜尽、盖克)500 倍液喷灌根际部,或在生长期每株灌药液 250 毫升,可防治各种土传病害。用 45％三唑酮·福美双可湿性粉剂 300 倍液浸种或 600～800 倍液灌根,对茄子黄萎病、枯萎病以及各种作物的根腐病、立枯病、猝倒病、炭疽病、茎基腐病等土传病害均有较好防治效果,并能治愈根腐病、茎基腐病等病害。另外,用绿亨 1 号、8 号、2 号 800～1 500 倍液喷雾、灌根,效果良好。用根病灵 500 倍液喷雾,防治效果也很好。用苗菌敌在育苗时处理苗床土壤,能培育无病菜苗,但不宜喷雾幼苗,以免发生药害。

(7)绵疫病、绵腐病、菌核病、白绢病等病害用药种类及使用方法  可用乙烯菌核利(农利灵)50％可湿性粉剂 500～600 倍液均匀喷洒作物发病各部位,每 5～7 天喷 1 次,防治 2～3 次。也可用 40％菌核净可湿性粉剂 3 000 倍液喷雾防治,但此药易发生药害,因此应在专家指导下使用。用 58％甲霜灵·锰锌 500 倍液喷雾防治绵疫病等病害,若与菌立灭 4 号或双抗霉素混合使用效果更好。也可用 70％乙磷铝·锰锌与菌立灭 4 号或双抗霉素混合 500～600 倍液喷雾防治,还可用 64％杀毒矾 500 倍液与速克灵、百可得等农药 1 000 倍液混合喷雾。

(8)芝麻斑点病、胡麻斑点病等病害用药种类及使用方法  用络氨铜(又名消病灵、菌杀、双效灵、克病增产素、胶氨铜)15％或 25％水剂 300～500 倍液喷雾防治,对防治各种作物上的芝麻斑点病、胡麻斑点病等效果显著,且能兼治细菌性病害。也可用 77％氢氧化铜 400～500 倍液喷雾防治。用 30％氧氯化铜悬浮剂(氯化氧铜、王铜)600～800 倍液喷雾,能有效防治芝麻斑点病、胡麻斑点病及各种细菌性病害。用德国拜耳公司生产的好力克 5 000 倍液防治芝麻斑点病,效果也很好。

**2. 细菌性病害**

(1)细菌性角斑病、叶斑病、缘枯病、斑疹病等病害用药种类及使用方法   用二元酸铜(琥胶肥酸铜、DT)30%悬浮剂500~600 倍液喷雾防治叶片和果实上的细菌性病害,均有较好的防治效果。用 15%或 25%络氨铜水剂 300~500 倍液防治西瓜、甜瓜上的细菌性病害,效果良好。用噻枯唑(又名叶枯唑、川化-018、叶青双、叶枯宁、细菌净、细菌特净、细菌除尽、细菌扑杀等)20%或 25%可湿性粉剂 400~500 倍液喷雾防治叶片及果实上的细菌性病害,均有理想的效果,且能与任何农药混合使用,深受广大菜农的欢迎。用 72%农用链霉素4 000 倍液或每 500 万单位链霉素对水 15 升喷雾防治叶片及果实上的细菌性病害,均有很好的效果。另外,选用绿亨 6 号800~1 500 倍液,绿亨 7 号 500~600 倍液,冠菌清 1 000 倍液,冠菌铜 800 倍液,可杀得 2 000 制剂 3 000 倍液,抑快净800~1 000倍液,防治叶片和果实上的细菌性病害也有理想的效果。

(2)细菌性青枯、溃疡、疮痂、茎部坏死等病害用药种类及使用方法   用 50%DT 可湿性粉剂 500~600 倍液喷雾、灌根,每 5~7 天喷 1 次,每 10~15 天灌根 1 次。也可用绿亨 6号 1 000 倍液或用 30%氧氯化铜 300~500 倍液喷雾、灌根,还可用冠菌清 1 000 倍液喷雾、灌根。

**3. 各种作物病毒病用药种类及使用方法**   用盐酸吗啉胍酮(又名病毒 A、病毒净、病毒除尽)20%可湿性粉剂 400~500 倍液喷雾,每隔 3~5 天喷 1 次,连喷 3 次;也可用 5%菌毒清水剂(市场上出售的病毒净、毒痊净、毒霸等,主要成分就是菌毒清)300倍液喷雾防治;用1.5%植病灵乳剂600倍液喷雾,效果均较理想。用病毒克星1小袋(25克)对水30升,菌克毒克600倍液,农康1小袋(10克)对水15升,喷雾防治病毒病均有较好的效果。

**4. 广谱性生物及抗生素杀菌杀毒剂** ①用井冈霉素15%或17%水溶剂500～1 000倍液喷雾、灌根,对真菌、细菌、病毒各类病害均有较好的防治效果。②用根叶康(由青岛中垦化工有限公司生产)拌种、喷雾均能杀伤真菌、细菌病害,并能明显减轻各种作物病毒病的发生。③用益微(商品暂用名)拌种、喷雾能防治各种作物苗期病害、土传病害,对各种病毒类病害也有良好的控制作用。用益微拌种时,每20克可拌667平方米需用的种子;用于生长期喷雾时,每20克益微对水15～30升。

**5. 大棚虫害种类及用药方法**

**(1)白粉虱、烟飞虱、蚜虫、蓟马等刺吸式口器害虫的用药种类及使用方法** 此类农药种类很多,这里仅介绍主要品种及使用方法:用蚜虱宝1 000～1 500倍液,粉虱特1 000倍液,扑虱灵800～1 000倍液,菜喜1 500倍液,阿克泰3 000倍液,除尽1 500倍液,绿菜宝1 500倍液喷雾防治。

**(2)斑潜蝇用药种类及使用方法** 用神农乐600～800倍液,绿菜宝1 500倍液,菜喜1 500倍液,阿克泰2 000倍液,尽胜1 500倍液,48%乐斯本乳油800～1 000倍液,1.8%爱福丁乳油3 000倍液,10%吡虫啉水剂1 500～2 000倍液,10%天王星乳油3 000～4 000倍液喷雾防治。

**(3)各种螟虫、蛾类虫害用药种类及使用方法** 大棚蔬菜的此类害虫有棉铃虫、斜纹夜蛾、小菜蛾、菜青虫等咀嚼式昆虫和地蛆等地下害虫。可用50%辛硫磷乳油1000～1500倍液喷雾或冲施灌根,用20%高效氯氰菊酯2000倍液喷雾防治各种咀嚼式昆虫,用50%～80%敌敌畏乳油1000～1500倍液喷雾防治各种害虫,用敌敌畏制作的各种类型的烟雾剂均能防治各种害虫。还可用90%万灵1500倍液,48%乐斯本乳油800～1000倍液,生物药安打3000倍液喷雾防治。

(4)**各种螨类用药种类及使用方法** 用73%克螨特乳油2000～3000倍液,20%螨死净2000～2500倍液,20%扫螨净3000～4500倍液,虫螨杀星1500倍液,阿维除尽1000～1500倍液,1.8%阿维菌素1500倍液喷雾防治。

**6. 根结线虫、茎线虫用药种类及使用方法** 施用福气多、米乐尔、好年冬、线敌、线虫灵、线虫除尽、线虫速灭等颗粒剂防治,处理土壤时每667平方米用10～20千克,做条施或穴施时用3～5千克。也可用克兰德桑水剂灌根和冲施,灌根时用800～1000倍液,每株灌250～500毫升药液;冲施时每667平方米冲施2～3桶,即2～3千克农药。也可用1.8%阿维菌素水剂1千克冲施在菜地里,防治线虫的效果良好。

**7. 各种作物除草剂** 种类很多,寿光市推广的有以下品种。

(1)**高效盖草能** 主要用于油菜、西瓜、甜瓜、马铃薯等阔叶作物和阔叶蔬菜地的除草。其使用方法是,在作物播种后或作物具2～3片复叶时,每667平方米用10.8%盖草能乳油30～35毫升对水60升喷雾处理。

(2)**苯磺隆(又名杜邦巨星、阔叶净)** 主要用于冬小麦杂草。其使用方法是,每667平方米用75%巨星干悬浮剂1～1.5克对水30～40升喷雾防除杂草。

(3)**乙莠水(通用名称乙草胺+莠去津)** 主要用于玉米

田防除杂草。其使用方法是,在玉米播种后出苗前,每 667 平方米用 40%乙莠水悬浮剂 300～400 毫升对水 40～50 升喷雾防除玉米田杂草。

(4)除草醚　适合施用的作物有大豆、花生、芹菜、胡萝卜、萝卜、茴香、油菜、菜花等作物,最适宜做喷雾防治杂草。但是,应在作物播种后出苗前应用。其使用方法是,每 667 平方米用 25%除草醚可湿性粉剂 500 克左右对水 30 升喷雾处理土壤表面。

(5)除草通(又名施田朴)　适合施用的作物有玉米、大豆、棉花、蔬菜等作物,用于防除稗草、马唐草、狗尾草、早熟禾、藜、苋菜等杂草。其使用方法是,播种后出苗前每 667 平方米用 33%施田朴乳油 200～300 毫升对水 30～40 升喷雾于地表。

(6)地乐胺　适用于大豆、茴香、萝卜、胡萝卜、韭菜、菜豆等作物防除杂草。其使用方法是,每 667 平方米用 48%地乐胺乳油 200～300 毫升对水 30～40 升,喷雾处理地表,施药后划锄混土,然后再播种或移栽。

**8. 大棚鼠害用药种类及方法**　防治鼠害的方法很多,但要求对人、畜必须安全。这里仅介绍三种防鼠药的使用方法。

(1)绿亨鼠克　用 1 份药对水 50 毫升,再加入 250～500 克新鲜饵料搅拌均匀,于傍晚撒在老鼠出没的路线上。

(2)大卫　用 1 小盒大卫(5 克)加饵料配制 500 克毒饵,于傍晚撒在老鼠出没的路线上。

(3)玉虎　用玉虎 5 毫升对水 50 毫升,与 500 克新鲜玉米或小麦粒拌匀制成毒饵,撒在老鼠出没的路线上。

**9. 植物生长调节剂**　大棚瓜菜有时生长过快,有时生长过慢,有时因温度过高或过低造成落花落果或化瓜现象,有时形成花打顶现象,这就需要用生长调节剂进行调理。寿光市菜农常用的生长调节剂有以下几种。

一是刺激生长,使果实变大变长的生长调节剂。主要有赤霉素、细胞分裂素、复硝酚胺(市场上销售的甜瓜膨大素、西瓜膨大素等)。

二是抑制作物生长的调节剂。主要有矮壮素、缩节胺(助壮素、稳丰等品牌)、多效唑、比久等。

三是促使作物果实早熟的生长调节剂。主要有40%乙烯利水剂、国光牌催红剂、必多收等药剂。

四是保花保果的生长调节剂。目前市场销售的主要有2,4-D、防落素、施特优、萘乙酸、芸薹素内酯(云大-120)、复硝酚钠(又名爱多收、爱农、丰产素、巨丰系列叶肥)等。

**10. 大棚蔬菜生理性病害及缺素症用药种类** 此类农药大多为蔬菜常用叶肥,种类很多,有爱多收、爱农、康凯、云大-120、云大-中天、纳米磁能液、绿芬威系列、铁、锌、钙达灵,金钙宝、三不落、巨丰系列、稀土绿霸王、太得肥等。

## 金盾版图书,科学实用,
## 通俗易懂,物美价廉,欢迎选购

怎样种好菜园(南方本
　第二次修订版)　　　8.50元
菜田农药安全合理使用
　150题　　　　　　7.00元
露地蔬菜高效栽培模式　9.00元
图说蔬菜嫁接育苗技术　14.00元
蔬菜贮运工培训教材　　8.00元
蔬菜生产手册　　　　11.50元
蔬菜栽培实用技术　　20.50元
蔬菜生产实用新技术　17.00元
蔬菜嫁接栽培实用技术　10.00元
蔬菜无土栽培技术
　操作规程　　　　　6.00元
蔬菜调控与保鲜实用
　技术　　　　　　18.50元
蔬菜科学施肥　　　　9.00元
城郊农村如何发展蔬菜
　业　　　　　　　6.50元
蔬菜规模化种植致富第
　一村——山东省寿光市
　三元朱村　　　　10.00元
种菜关键技术121题　13.00元
菜田除草新技术　　　7.00元
蔬菜无土栽培新技术
　(修订版)　　　　11.00元

无公害蔬菜栽培新技术　7.50元
长江流域冬季蔬菜栽培
　技术　　　　　　10.00元
夏季绿叶蔬菜栽培技术　4.60元
四季叶菜生产技术160
　题　　　　　　　7.00元
蔬菜配方施肥120题　6.50元
绿叶菜类蔬菜园艺工培
　训教材　　　　　8.00元
绿叶蔬菜保护地栽培　4.50元
绿叶菜周年生产技术　12.00元
绿叶菜类蔬菜病虫害诊
　断与防治原色图谱　20.50元
绿叶菜类蔬菜良种引种
　指导　　　　　　10.00元
绿叶菜病虫害及防治原
　色图册　　　　　16.00元
根菜类蔬菜周年生产技
　术　　　　　　　8.00元
绿叶菜类蔬菜制种技术　5.50元
蔬菜高产良种　　　　4.80元
根菜类蔬菜良种引种指
　导　　　　　　　13.00元
新编蔬菜优质高产良种　12.50元
名特优瓜菜新品种及栽

| | | | |
|---|---|---|---|
| 培 | 22.00元 | 版) | 5.50元 |
| 稀特菜制种技术 | 5.50元 | 现代蔬菜灌溉技术 | 7.00元 |
| 蔬菜育苗技术 | 4.00元 | 日光温室蔬菜栽培 | 8.50元 |
| 瓜类豆类蔬菜良种 | 7.00元 | 温室种菜难题解答(修 | |
| 瓜类豆类蔬菜施肥技术 | 6.50元 | 订版) | 10.50元 |
| 瓜类蔬菜保护地嫁接栽 | | 温室种菜技术正误100 | |
| 培配套技术120题 | 6.50元 | 题 | 10.00元 |
| 菜用豆类栽培 | 3.80元 | 蔬菜地膜覆盖栽培技术 | |
| 食用豆类种植技术 | 19.00元 | (第二次修订版) | 4.50元 |
| 豆类蔬菜良种引种指导 | 11.00元 | 塑料棚温室种菜新技术 | |
| 豆类蔬菜栽培技术 | 9.50元 | (修订版) | 17.50元 |
| 豆类蔬菜周年生产技术 | 10.00元 | 塑料大棚高产早熟种菜 | |
| 豆类蔬菜病虫害诊断与 | | 技术 | 4.50元 |
| 防治原色图谱 | 24.00元 | 大棚日光温室稀特菜栽 | |
| 日光温室蔬菜根结线虫 | | 培技术 | 10.00元 |
| 防治技术 | 4.00元 | 日常温室蔬菜生理病害 | |
| 南方豆类蔬菜反季节栽 | | 防治200题 | 8.00元 |
| 培 | 7.00元 | 新编棚室蔬菜病虫害防 | |
| 菜豆豇豆荷兰豆保护地 | | 治 | 15.50元 |
| 栽培 | 5.00元 | 南方早春大棚蔬菜高效 | |
| 图说温室菜豆高效栽培 | | 栽培实用技术 | 10.00元 |
| 关键技术 | 9.50元 | 稀特菜保护地栽培 | 6.00元 |
| 黄花菜扁豆栽培技术 | 6.50元 | 稀特菜周年生产技术 | 8.50元 |
| 番茄辣椒茄子良种 | 8.50元 | 名优蔬菜反季节栽培(修 | |
| 蔬菜施肥技术问答(修订 | | 订版) | 22.00元 |

以上图书由全国各地新华书店经销。凡向本社邮购图书或音像制品,可通过邮局汇款,在汇单"附言"栏填写所购书目,邮购图书均可享受9折优惠。购书30元(按打折后实款计算)以上的免收邮挂费,购书不足30元的按邮局资费标准收取3元挂号费,邮寄费由我社承担。邮购地址:北京市丰台区晓月中路29号,邮政编码:100072,联系人:金友,电话:(010)83210681、83210682、83219215、83219217(传真)。